Erwin Thoma

Vollholzhäuser

Das Baum-Prinzip für naturnahes Wohnen

Christian Brandstätter Verlag

Inhalt

Einleitung

Die Entscheidung „Haus bauen“, die viele Menschen nur einmal im Leben treffen können, prägt unsere Gesundheit, unsere Lebensqualität und die Zukunft unserer Kinder, oft mehr als alles andere, was wir selbst gestalten können.

Der heitere Ton und manch lustige Geschichte dieses Buches sollen daher nicht zu dem Schluss verleiten, es sei nicht wichtig, wie man sein Haus baut und in welchen vier Wänden wir leben.

Vorwort

Nachdem das Leben ohnedies ernst genug ist, möchte ich dieses Buch mit Humor beginnen – zweifellos eine der besten Möglichkeiten, mit der Verrücktheit des täglichen Lebens gut zurecht zu kommen. Denn warum soll gerade ein Buch über die vielfältigen Möglichkeiten, die uns die Natur bietet, über Menschen und ihre Holzhausprojekte und über die Tatsache, dass wir unseren Lebensstil in Zukunft verändern werden, nicht mit Humor beginnen?
Nachdem mein drittes Buch „Für lange Zeit" erschienen war, dachte ich: „Jetzt werde ich kein Buch mehr über Bäume, Wald und Holzhäuser schreiben!" Aber ich wusste noch nicht, welch großartige und interessante Menschen mir noch begegnen werden, die einzigartige, sehenswerte und richtungsweisende Holzbauten errichtet haben. Zudem – es gibt ja keine Zufälle – schenkte mir das Leben die Freundschaft zweier kostbarer Menschen, die gleichzeitig begnadete Fotografen sind: Todd Pierce und Ronny Kreimel. Ihre Art, Häuser abzubilden, bietet den Leserinnen und Lesern, über jede Beschreibung hinaus, die Möglichkeit, die Stimmung und den Geist der Häuser zu erfassen. Aber auch die technische Entwicklung ist nicht stehengeblieben. Dem großen Traum, in allen Regionen der Erde Holz100-Werke entstehen zu lassen, damit überall mit dem dort wachsenden Holz die besten Häuser gebaut werden können, konnten wir wieder einige Schritte näher kommen. Musterhäuser, Hotels, öffentliche Saunen und Gesundheitsanlagen aus Holz100 gibt es in Mittel- und Nordeuropa schon bald flächendeckend. In den USA und Japan wird die Idee des gesunden, nachhaltigen Massivholzbaus ebenso begeistert umgesetzt.
Da ist es wichtig, noch genauer als bisher die ungeahnten ökologischen Vorteile der „Häuser aus dem Wald" zu betrachten. Wer hätte noch vor zehn oder zwanzig Jahren gedacht, dass unsere Wälder es sind, die heute und morgen Angst vor Energieknappheit, Rohstoffmangel und Klimakollaps zerstreuen können? Der einzige Haken daran ist, dass die meisten Menschen, auch politisch verantwortliche, noch zu wenig über diese Chancen wissen.
Grund genug, dieses Buch zu schreiben – und es mit Humor zu beginnen.

Erwin Thoma

Viechereien am Anfang

Wegen der Gründung meines eigenen Unternehmens musste ich seinerzeit meinen bisherigen Beruf als Förster beenden. Dadurch verlor meine Familie die Dienstwohnung im schönen Forsthaus. Ich sah, dass die Firmengründung meine Arbeitskraft Tag und Nacht in Anspruch nimmt, und verwarf deshalb vorerst die Idee, ein eigenes Haus zu bauen. Ich suchte nach einem älteren Haus, das ich günstig kaufen konnte und fand dieses nahe meines Heimatortes in St. Johann im Pongau.

Das Haus, eine ehemalige kleine Fremdenpension mit Gasthausbetrieb, war ziemlich heruntergekommen, aber in schöner Lage und mit einem großen Garten versehen. Das war das Richtige. Wir konnten einziehen, die erforderlichen Renovierungen, so mein Plan, würde ich nach und nach durchführen, wenn ich das dafür nötige Geld verdient hatte. Zwei Kellerräume funktionierte ich zu Büros um – es wurden die ersten Geschäftsräume der Firma Thoma. Das erste einbaufertige Produkt, das ich herstellte, waren Holzfußbodenbretter. Oder wie wir das Ergebnis unserer Arbeit stolz nannten: „Thoma Vollholzböden".

Wenn wir heute mit den Mitarbeitern aus jener Zeit daran zurückdenken, dass wir damals in einem düsteren, halbfeuchten Kellerlokal ohne Schauräume, ohne repräsentative Musterräumlichkeiten fünf Jahre lang genug hochwertige Böden verkaufen konnten, um zu überleben, dann ist das tatsächlich ein kleines Wunder. Vor allem der Anfang erscheint im Rückblick eher als tollkühner Akt einer Hand voll hoffnungslos weltfremder Idealisten als die strategisch organisierte Startphase eines Unternehmens. Allerdings verfügten wir über zwei überaus wertvolle Startkapitalien: Neben dem unerschütterlichen Glauben an die Notwendigkeit, neuere, gesündere und bessere Wege im Holzbau zu finden, war der Humor wohl das wichtigste Überlebenselixier. Dementsprechend sind viele humorvolle Erinnerungen aus dieser Zeit geblieben.

Unser St. Johanner Kellerbüro war mit Sicherheit eines der ungewöhnlichsten Geschäfts- und Verkaufslokale jener Zeit. Das lag nicht nur an den Räumlichkeiten. Eine Tür des Büros führte in den untersten Teil eines Gartens, der von hier in fünf Terrassen steil den Berghang hinaufreichte. Dieser Garten war beileibe kein

verträumter, verlassener Ort. Im Gegenteil, im Garten wohnte alles mögliche – und unmögliche – Getier. Ein Sammelsurium an Zwei- und Vierbeinern, geflügelt und gehörnt, lebte in merkwürdiger Eintracht in diesem Garten. Ziegen, Hund und Katz, Enten, Hühner, eine zahme Krähe, Igel, Eichhörnchen, manchmal sogar ein Reh, von all den anderen wilden Besuchern gar nicht zu reden – sie alle hatten Regeln und Rangordnungen, verschiedene Tageszeiten und Reviereinteilungen entwickelt, die jedem Bewohner ein einigermaßen gemütliches Dasein ermöglichte. Lediglich meine Terrierhündin Kitti musste ich an die Leine legen. Sie hätte, auf freien Fuß gesetzt, unverzüglich alle Grenzen des Friedens gebrochen und einen geflügelten Mitbewohner attackiert.
So lag Kitti, wenn sie nicht gerade mit mir im Wald unterwegs war, angeleint – und vom Federvieh gemieden – im Garten. Das ging lange gut. Bis eines Tages eine der türkischen Flugenten auf eine sonderbare Idee kam. Schritt für Schritt näherte sie sich dem gefürchteten Hund. Kitti knurrte bedrohlich. Die Ente blieb stehen. Fünf Minuten, zehn Minuten, eine halbe Stunde – um dann den nächsten Schritt zu tun. Auf diese Weise hatte die Ente bald herausgefunden, wo die imaginäre Linie war, an der Kitti wütend in der Leine hängen blieb und nicht mehr weiter konnte. Die beiden blickten sich eine Stunde in die Augen. Der Hund voller Angriffslust, die Ente völlig unaufgeregt. Nach dieser nervenzermürbenden Stunde passierte das Unglaubliche: Tok, der Entenschnabel, peckte dem verdutzten Hund blitzschnell auf den Schädel. Daraufhin watschelte die Ente, so schnell sie konnte, zu ihren Artgenossen zurück, die aus sicherem Respektabstand zuschauten und jetzt aufgeregt schnatterten. War das Bewunderung für einen neuen Helden? Am nächsten Tag wiederholte sich das Schauspiel. Sobald ich den Hund im Garten anhängte, marschierten die Enten auf. Immer dieselbe, mutige Entendame schritt voran, stellte sich unmittelbar vor die Todeszone des Terriers, um ihm stundenlang ins immer hasserfülltere Auge zu blicken und irgendwann, völlig unerwartet, auf den Hundeschädel zu pecken. Das absurde Spiel wurde jedes Mal von der Entenschar beobachtet.
Diese Schmach für den Jagdhund, die Provokationen der frechen Flugente führten zur einzigen Bluttat, die sich unter unseren Tieren ereignete. Eines Tages entwischte der Terrier. Er schaute nicht nach links oder rechts, hörte auf keinen Schrei, sondern schoss wie ein braun-schwarzer Blitz an allen Haustieren vorbei, direkt auf die eine Ente zu, die ihm die andauernden Demütigungen zugefügt hatte. Ein gezielter Biss in den Kragen, danach würdigte der Hund sein Opfer mit keinem Blick. Letztlich verstanden die Enten die Lektion. Es kam nie wieder vor,

dass sich eine Ente am Hund vergriff. Und abgesehen von diesem Scharmützel spielte sich das soziale Zusammenleben der verschiedenen Tierarten ausgesprochen freundschaftlich ein.

Aus der Sicht der Tiere waren wir Menschen, die da gelegentlich aus dem Büro in den Garten kamen, genau so eine Tierart, die es galt auszukundschaften und in die Hierarchie einzuordnen. Zu den Ersten, die an diese Aufgabe herangingen, gehörten die nichtschwimmenden Eierleger. Die stattliche Hühnerschar wurde von einem riesigen, imposanten Gockelhahn angeführt. Bedrohlich waren seine stämmigen Füße mit zwei gewaltigen Spornen bewaffnet. Doch trotz seiner respektablen Größe war dieser Hahn ein Ausbund an Friedfertigkeit. Offenbar ersparte ihm seine autoritäre Übergröße jegliche Aggression oder gar Kampfhandlung.

Giggi, wie wir ihn nannten, war viel eher neugierig als aggressiv. Wenn im Sommer die Bürotüre in den Garten offen stand, ließ er keine Chance ungenützt, mit seiner Hennenschar die mittlerweile drei, vier Mitarbeiter zu besuchen. Die Damen im Büro waren bei diesen Besuchen anfangs noch skeptisch. Immerhin hatten wir gerade einen schönen Vollholzboden aus Bergahorn und bunter Esche verlegt – den einzig herzeigbaren Ersatz für nicht vorhandene Schauräume. Partout hier wollte sich die Hühnerschar aufhalten und die Reste der Verdauung deponieren …

Aber mit den Hühnern des Chefs wollte sich niemand anlegen, außerdem hatten die gefiederten Gäste noch einen treuen Verbündeten.

Cornel, der Techniker, freute sich über die ungewöhnlichen Besucher und ließ sich seelenruhig bei seiner Schreibtischarbeit beobachten. Irgendwie hatte Giggi sofort mitbekommen, dass er mit seiner Gefolgschaft bei Cornel uneingeschränkt willkommen war und von diesem bärtigen Mann immer wieder Brotbrösel oder ähnliche Köstlichkeiten verteilt wurden. Nach strengem Ritual nahm Giggi alle Geschenke persönlich entgegen und verteilte diese dann mit penibler Gerechtigkeit an seine Hühnerdamen. Das Ergebnis von Cornels Liebe zu unseren Hühnern waren lange gemeinsame Sitzungen, bei denen sich das geflügelte Volk rund um Cornels Schreibtisch postierte. Am Höhepunkt dieser Entwicklung führte Cornel ein Telefonat mit einem Kunden in einer deutschen Großstadt. Just in diesem Augenblick fühlte sich Giggi vor seinen Damen so wohl, dass er sich in seiner ganzen Größe aufrichtete und aus vollem Hals Kikeriki und noch einmal Kikeriki schrie. Am anderen Ende der Leitung wurde es ganz ruhig. Nach einigen Augenblicken fragte der Kunde: „Ja, sagen Sie einmal, wo sind Sie überhaupt? Sitzen Sie am Misthaufen?“

Als Bub hatte ich einmal eine Krähe namens Moses aufgezogen. Unsere Kinder liebten es, wenn ich von Moses und seinem Schabernack erzählte. Diese Erzählungen beeindruckten meine Kinder so sehr, dass sie mich ständig bedrängten, auch eine Krähe aufziehen zu dürfen. Nach der Übersiedelung aus dem Forsthaus gab ich nach und erfüllte den Kinderwunsch. Benedikt, unser jüngster Sohn, hatte unmittelbar neben dem Garten im Frühjahr ein Krähennest ausfindig gemacht. Regelmäßig stieg er hinauf, um zu schauen, ob die Jungen schon befiedert waren. Erst dann, unmittelbar vor dem Ausfliegen, durfte er sich eine Krähe herausnehmen. Endlich war es soweit: Benedikt kam überglücklich und stolz mit seiner jungen Krähe heim, die er Abraxas taufte. Benedikt lebte nur mehr für seinen Vogel und fütterte ihn mehr und fürsorglicher als jede Krähenmutter es hätte tun können. Abraxas gedieh prächtig und war vollkommen handzahm. Auf Zuruf kam er angeflogen.

Benedikt musste mir versprechen, dass er nicht traurig sein darf, wenn Abraxas eines Tages mit den anderen Krähen wegfliegt. Ich bereitete ihn darauf vor, dass wir der Krähe keinesfalls die Flügel stutzen werden. Ein Vogel soll fliegen, wenn er das will! Aber es kam anders. Bereits nach einigen Wochen war Abraxas voll flugfähig und drehte seine Runden um unser Haus. Es dauerte nicht lange, da kam auch schon eine bunte Krähenschar zeternd und krächzend angeflogen. Benedikt war dem Weinen nahe und sprang ins Haus, damit er nicht mit ansehen musste, wie sein Abraxas mit den anderen wegzog. Da passierte das Unerwartete: Die Krähenschar fiel über den zahmen Abraxas her und hätte ihn wohl umgebracht, wenn er sich nicht zu uns in das Haus geflüchtet hätte. Der zahme Vogel wurde von den wilden Artgenossen nicht mehr akzeptiert. Der Bub strahlte, tatsächlich sorgten die wilden Krähen dafür, dass Abraxas immer mehr an uns Menschen gebunden wurde. Bald war er viel häu-

figer als Giggi im Büro. Allerdings hatte Giggi bei seinen Besuchen alle Hände voll zu tun, um seine Hühnerschar zu umsorgen und zu kontrollieren. Das machte ihn zu einem liebenswerten Besucher. Abraxas hingegen hatte nur einen Begleiter – seine Langeweile!

Ohne Scheu hüpfte und flatterte er von Schreibtisch zu Schreibtisch und stahl alles, was glitzerte. Als wären die kleinen Schandtaten nicht genug, setzte sich der schwarze Geselle auf die Schulter der Buchhalterin. Diese wusste nicht, ob sie sich fürchten oder freuen sollte, da biss ihr der Vogel schon in das Ohrläppchen, dass das Blut herausquoll, flog von der schreienden Frau zur nächsten Dame, landete auch hier auf der Schulter und entleerte seinen Darm über die neue Bluse …

Alle waren wir uns einig: Abraxas wird sofort verjagt, wenn er neuerlich versucht, in das Büro einzufliegen. Das Büroverbot für die Krähe wurde ab sofort und konsequent in die Tat umgesetzt. Was bleibt also einer gelangweilten Krähe, als vor dem Haus die Kunden in Empfang zu nehmen? Ausgerechnet an diesen Tagen kam eine feine Arztfamilie, um sich über Bauholz- und Fußbodenlieferungen für ihren geplanten Neubau beraten zu lassen. Für uns ging es da um einen beinahe lebensnotwendigen Auftrag. Am Rücksitz des großen Mercedes befand sich die halbwüchsige Tochter, die genau vor unserem Bürofenster mit ihren Eltern einen vorpubertären Streit anzettelte. Das Ganze steigerte sich so sehr, dass der wütende Vater das Schiebedach des Wagens öffnete – immerhin war es ein heißer Sommertag – und die finster dreinblickende Tochter im Wagen zurückließ.

Kaum waren die Eltern im Haus verschwunden, bekam das Mädchen Besuch. Abraxas landete am lackierten Autodach und beugte seinen Kopf an der Kante des geöffneten Schiebedachs herunter. Das Mädchen schaute finster und ließ sich auch vom seltsamen Besucher nicht aus der Reserve locken. Kratsch, kratsch, kratsch, die Krähenkrallen trippelten am Autolack hin und her. Immer wieder beugte Abraxas seinen Kopf tief in den Fahrgastraum hinein und wollte offensichtlich mit dem Kind Kontakt aufnehmen. Doch ein junges Mädchen in schlechter Laune ist so eine Sache. Die Arme blieben verschränkt, der Blick blieb finster. Das interessierte den Vogel nicht. Er drehte sich um und schickte sich zum Abflug. Doch nach Krähenmanier wurde noch das Hinterteil über das offene Schiebedach gerichtet – und platsch. Ein unfreundlicher Strahl weißgrünlicher Flüssigkeit ergoss sich über den ledernen Fahrersitz des Herrn Doktor. Da konnte nicht einmal das Töchterlein „cool" bleiben. Sie platzte los vor Lachen und kam in das Büro gerannt, um zu berichten. Meine Sekretärin Margit rannte mit entsetztem Gesicht und Putzlappen los. Und der Herr Doktor? Er freute sich über den wiedergewon-

nenen Familienfrieden, erklärte den Fleck am Autositz zur harmlosen Bagatelle und bestellte gleich das ganze Bauholz und alle Böden für sein Haus.
In den folgenden Wochen wurde Abraxas von Tag zu Tag dreister. Wir hielten im Büro Kriegsrat, nachdem die Krähe im Sturzflug am Kopf eines Besuchers gelandet war und der gute Mann total geschockt in das Haus kam. Bald war die rettende Idee geboren: Ich kannte einen alten Mann, der sehr tierliebend war und allein wie ein Einsiedler auf einer Alm im Großarltal lebte. Dort sollte Abraxas seine neue Heimat finden.
Gesagt, getan. Am nächsten Samstag marschierten wir drei, Benedikt, Abraxas und ich, auf die Alm hinauf. Abraxas war äußerst interessiert, saß zuerst abwechselnd auf unseren Schultern, um die letzte halbe Stunde des Weges von Baum zu Baum vorauszufliegen. Franz, der Einsiedler, freute sich über den neuen Gesellschafter, fütterte ihn und siehe da, als wir wieder heimgingen, blieb Abraxas mit größter Selbstverständlichkeit bei Franz auf der Alm.
Zwei Tage später bekam Franz Besuch: Zwei Mechaniker mussten die Materialseilbahn reparieren. Das war für Abraxas hochinteressant. Sobald einer der Männer eine Schraube auf die Seite legte, schnappte sie die Krähe, um die Schraube fünf Meter weiter weg gut sichtbar auf einen Stein hinzulegen. Kaum versuchte einer der Monteure die Schraube zu holen, lag sie schon wieder fünf Meter weiter entfernt.
Dieses Spiel begeisterte die Krähe so sehr, dass in Kürze jede vernünftige Arbeit an der Seilbahn ausgeschlossen war. Am Ende jagte Franz gemeinsam mit den Monteuren die Krähe einige Stunden rund um die Hütte, bis es endlich gelang, den Vogel einzufangen. Die Frage, wer diese vertrödelte Zeit bezahlen sollte, blieb unbeantwortet.
Weitere Schandtaten verübte Abraxas im Bergland über der Waldgrenze. Auf der gegenüberliegenden Talseite befand sich eine Alm, auf der ein kleiner Gastbetrieb geführt wurde. Zu Fuß ging man eine Stunde auf die andere Talseite. Für den geflügelten Übeltäter waren nur einige Flugminuten erforderlich, um aus heiterem Himmel auf der Terrasse zu landen und ein Stück Wurst von der Bretteljause zu stehlen. Bald hatte auch dort die Sennerin die üblen Manieren der Krähe durchschaut. Mit dem Besen bewaffnet, verteidigte sie von nun an ihre Gäste, sobald sich ein schwarzer Vogel am Himmel zeigte.
Wie gesagt, das Leben ist ernst genug. Warum soll man sich bei der Gründung eines Unternehmens nur von Anwälten und Steuerberatern begleiten lassen. Im Fall der Firma Thoma waren neben solch honorigen Persönlichkeiten auch

Abraxas und Giggi, Kitti und die mutigste aller Enten sowie viele andere mit am Werk. Meistens ist der Humor der allerbeste Begleiter. In unserem Fall war er sicher mitverantwortlich, dass meine Mitarbeiter von Anfang an eine eingeschworene Truppe bildeten, die bereit war, durch dick und dünn zu gehen. Und tatsächlich, mit gutem Mut und dem ehrlichen Bemühen, jeden Tag das Bestmögliche zu tun und fröhlich ans Werk zu gehen, wurde beinahe Unmögliches geschafft.

Im kleinen Kellerbüro versuchten wir gemeinsam die Vision vom Holz als weltbesten Baustoff umzusetzen. Was soll man tun, wenn die Aufgabe, die vor einem liegt, so hoch und unbewältigbar erscheint wie der größte Berg? Fröhlich bleiben und nicht aufgeben. Mit diesem Rezept bauten die Thoma-Mitarbeiter österreichweit das erste private Holzforschungszentrum auf, es wurden Patente entwickelt, Produktionswerke gebaut und die Botschaft von den besten Häusern, die durch den nachwachsenden Rohstoff unserer Wälder gebaut werden können, in alle Welt hinausgetragen.

So gesehen sind Abraxas, Giggi & Co nicht nur für die Firma Thoma, sondern für viele Menschen wichtig.

Menschen
und ihre
Vollholzhäuser

Holzvertrauen

Wer einmal in der Winterzeit die kältesten Länder der Erde besucht – etwa Sibirien, den Norden Kanadas, Alaskas oder Skandinaviens, der sollte die Gelegenheit nutzen und versuchen, das Fällen eines Baumes zu beobachten. In diesen Regionen hat es bis zum Jänner oder Februar bereits monatelang Temperaturen um minus 40 Grad Celsius oder darunter. Die dortigen Wälder sind in dieser Zeit wahre Eiskeller, der Frost durchdringt erbarmungslos alles – fast alles!

Den wärmsten Ort in diesen unwirtlichen Eisgegenden kann man sehen, wenn ein Baum umgeschnitten wird. Kaum fällt der Baum, offenbart er dem Betrachter an der Schnittfläche das Bild seiner Jahresringe. Hier kann das Alter des Stammes gezählt und noch viel mehr an Information gewonnen werden. Besonders milde und somit wuchskräftige Jahre sowie karge Wetterphasen der Dürre oder frühe Wintereinbrüche können vom Fachmann herausgelesen werden. Es zeigt sich aber auch, ob der Baum bereits in früher Kindheit den freien Himmel mit seiner Fülle an Licht über sich hatte oder ob der beschirmende Mutterbaum erst sehr spät gefallen ist und das kleine Bäumchen jahrzehntelang im Halbschatten auf das ersehnte Lichtsignal warten musste, das da heißt: Volles Wachstum voraus, der Himmel ist frei!

Wenn unser Baum nun Ende Jänner in Nordkanada oder in der sibirischen Taiga gefällt wird, kann man noch etwas sehr Schönes beobachten: Der klirrende Frost, der in den kalten Wintermonaten in den Stamm eindringt, zeichnet scharf eine kreisrunde Linie an der Grenze zum inneren Kern, der noch nicht gefroren ist. Unglaublich, aber wahr: Obwohl wochen- und monatelang lebensvernichtende Eiseskälte herrscht, dringt der Frost nur wenige – meistens fünf bis zehn – Zentimeter in den Stamm ein. Im Inneren der Vollholzhülle eines Baumes gibt es den ganzen Winter lang Plus-Temperaturen, das Wasser in den Holzzellen und Kapillaren bleibt flüssig. Im Inneren der Bäume gibt es den – im Verhältnis zur äußeren Umwelt – einzig wohlig warmen Ort. So gesehen ist der Specht ganz schön schlau. Mit seiner Höhle im Bauminneren schafft er sich eine Klimakammer der Geborgenheit. Er umhüllt sich einfach mit vollem Holz. Es ist wenig bekannt und trotz-

dem einer der herausragendsten technischen Vorzüge von Holz: Kein anderes Material, das der Mensch jemals zum Bauen seiner Häuser verwendet hat, verändert seine Temperatur so langsam. Die thermische Trägheit von massiven Holzteilen geht so weit, dass nicht einmal ein arktischer Winter ausreicht, um einen größeren Baumstamm bis in sein Inneres durchzufrieren. Was liegt da näher, als sich beim Bauen eines Hauses ebenso eine massive Hülle zu schaffen? Eine Hülle aus reinem Holz, die über Monate verhindert, dass sich im Inneren die Temperatur stark verändert. Das bedeutet, ein ideales Schild gegen Kälte- und Hitzeextreme zu haben, eine natürliche Klimaanlage, die ohne Energieverbrauch und vollkommen wartungsfrei ein Leben lang läuft.

Eine weitere Überraschung kann der „Holzreisende" erleben, wenn er nach Japan kommt. Im Land der aufgehenden Sonne steht nicht nur das größte Holzhaus der Erde – der To Dei Ji-Tempel –, sondern davon nicht weit entfernt in der alten Kaiserstadt Nara der wohl älteste Holzbau der Welt: der über 1600 Jahre alte Hor Ju Ji-Tempel mit seiner fünfgeschoßigen Pagode. Neben diesen beiden weltbekannten Holzbau-Superlativen gibt es in der Region Kyoto und Nara noch eine

Die ältesten und größten Holzbauten der Erde liegen in Japan – dem Land der Taifune, der stärksten Erdbeben und der Termiten.
Wer Holz richtig verwendet, braucht diese Gefahren nicht zu fürchten. Der To Dei Ji-Tempel gilt als das größte Holzhaus der Erde.

Vielzahl von hölzernen Tempelbauten mit gigantischen Ausmaßen, zum Teil mit kühnsten statischen Konstruktionen an steile Berghänge gebaut. Die Handwerkskunst der Menschen, die vor über 1000 Jahren derartige Meisterwerke gezimmert haben, ringt jedem Betrachter großen Respekt ab.

Wenn man nun aber bedenkt, an welchen Orten diese hölzernen Kulturschätze der Menschheit so lange erhalten blieben, dann beginnt die nächste Erkenntnis von den unbekannten Möglichkeiten des Baustoffes Holz. In Kyoto und Nara herrscht subtropisches Klima. Das bedeutet im Sommer extrem schwüle Luft mit Luftfeuchtigkeitswerten bis zu 90 Prozent. Außerdem liegt die Region im Einzugsgebiet der heftigsten Stürme – der Taifune, die in ihrer Intensität durchaus mit amerikanischen Hurrikans vergleichbar sind. Zudem gibt es in Japan bekannterweise stärkere und häufigere Erdbeben als sonst wo in der Welt. Als wäre das alles noch nicht genug, leben hier die schlimmsten Holzschädlinge, die es gibt: Termiten. Diese Insekten sind gefräßigere Holzfresser als alle Bockkäfer und Holzwürmer Mitteleuropas zusammen. Trotzdem haben die alten japanischen Holzbaumeister gerade hier die eindruckvollsten und ältesten Holzbauten der Welt errichtet, mit einfachem Werkzeug, ohne chemischen Holzschutz, aber mit uraltem Wissen und Gefühl für Bäume und Holz.

Könnte die Lehre von der Dauerhaftigkeit und Sicherheit des Baustoffes Holz beeindruckender erbracht werden? Ausgerechnet an einem Ort, wo für den Baustoff Holz objektiv die schlechtesten Bedingungen herrschen, steht nach eineinhalb Jahrtausenden immer noch unbeschadet und frisch das älteste Holzhaus der Erde!

Kyoto und Nara sind ein Muss für jeden Holzhaus-Skeptiker. Hier lernt man eines: Die Grenzen im Umgang mit Bäumen und Holz bestehen nur in unserem Kopf! Die Menschheit hat noch lange nicht alle Möglichkeiten entdeckt, die in unseren Bäumen schlummern.

Einen ganz anderen Aspekt der Begegnung zwischen Mensch und Baum finden wir in der Volksheilkunde. Ich erinnere mich noch gut, als mein Großvater, bereits weit über achtzig Jahre alt, mit blutüberströmter Hand aus seiner Werkstatt zur Großmutter in die Küche kam. Er war mit dem Handballen in die Hobelmaschine gekommen und präsentierte uns eine klaffende Fleischwunde, die jeden Menschen die Rettung rufen ließe. „Nein, nein," meinte Opa, „es ist nicht so schlimm. Mutter, bring ein Lärchpech!" Die Oma holte die Büchse mit Lärchenharz, bestrich damit die blutende Wunde, und das Ganze wurde mit sauberen Tüchern verbunden. Nur drei, vier Wochen später präsentierte unser Opa eine sauber zugewachsene Hand mit zart-rosaroter Haut über der ehemaligen Wunde.

Ich würde heute niemandem empfehlen, anstatt zum Arzt zu gehen, zur Lärchenharzbüchse zu greifen. Dennoch kann ich das Vertrauen des alten Mannes zum Harz aus „seinen Bäumen" nicht vergessen.

Die Geschichte der Naturheilkunde ist Jahrhunderte alt und reich an derartigen Beispielen. Von der gerbsäurehältigen Eichenrinde zum Fieber senkenden Lindenblütentee könnten viele Heilmittel aufgezählt werden, die Menschen seit alters her von Bäumen gewonnen haben.

Vom Geborgenheit ausstrahlenden Baumaterial zum Heilmittel, vom Wärme spendenden Brennholzscheit zum feinsinnigen Musikinstrument – Holz ist ein Kosmos, in dem jeder Mensch seine eigene, einzigartige Geschichte schreiben und finden kann. Stradivari suchte jahrelang nach dem ideal gewachsenen Baum für seine Meistergeigen und konnte am Ende seinen hölzernen Instrumenten ein Klangvolumen verleihen, das über die Jahrhunderte die Menschen begeistert, verzaubert und in ihren Bann zieht.

Eine Familie baut ihr Haus gemäß dieser Erfahrungen aus reinem Holz und erlebt, wie dort ihre Kinder gesund werden und bleiben.

Ein Benediktiner-Abt erklärte mir einmal: „Massiv verdübeltes Holz100, ganz ehrlich verarbeitet – nur reines Holz, nichts als der Baum der Schöpfung – ein besseres Material kann man für den spirituellen Anspruch beim Bau unserer Kirche nicht finden."

Ganz anders der Zugang eines älteren Bauherren, der, nachdem seine erste Frau verstorben war, für seine zweite Frau ein Holz100-Haus baute: „Es ist einfach toll, wie fröhlich und unbeschwert wir uns im hölzernen Schlafzimmer lieben. Ich spüre, wie dieser reine Naturbau meine Manneskräfte stärkt!"

Oder ein Schweizer Eisenhändler in Wattwil, der sein neues Geschäft in moderner Architektur als massive Holzbox baute und dann Stein und Bein schwor, dass die Leute wegen der gemütlichen Holzatmosphäre länger im Geschäft bleiben und im Durchschnitt pro Besuch viel mehr Eisen kaufen.

Unerwarteten wirtschaftlichen Erfolg erlebten auch Hoteliersfamilien, wie zum Beispiel die Familie Urthaler, die in Südtirol auf der Seiseralm das gleichnamige Holzhotel errichtete, und die Familie Auer, die in Nordtirol das Hotel Waldklause ganz aus Holz100 baute. Die einzigartige Geborgenheit bescherte den beiden Familien Ganzjahresauslastungen von über 90 Prozent. Ein Wert, der im österreichischen Tourismus in vergleichbaren Lagen als unerreichbar gilt. Aber, nichts ist unerreichbar, wenn nur die Herzen der Menschen ehrlich und wirklich berührt werden. Und genau das tut Holz!

Holz ist nur ein einsilbiges Wort,
doch dahinter verbirgt sich eine Welt voller Schönheit und Wunder.

THEODOR HEUSS, EHEMALIGER DEUTSCHER BUNDESPRÄSIDENT

Stets waren und sind es Menschen, die den Bäumen und Hölzern ihren Zauber entlocken und sie vielfältigst inszenieren. Umgekehrt wird der Mensch aber genau so vom Holz, dem er sich widmet, geprägt. Er wird aufgenommen und geborgen, aber auch angeregt, berührt und bereichert. Die folgenden Kapitel sind Menschen gewidmet, die mit dem Baustoff Holz die lustigsten, schönsten, aber auch kühnsten und tiefgründigsten Erfahrungen machen.
Obwohl in verschiedenen Lebenssituationen und Ländern dieser Erde hatten sie alle den Mut, sich ganz auf die Natur, sich ohne Wenn und Aber auf Holz einzulassen. Ein solcher Mut bleibt nie ohne Lohn. Allerdings kommt dieser Lohn, diese Ernte oft ganz anders, als man es sich vorher ausmalt …

Das erste große Holz100-Hotel wurde auf der Seiseralm bei Bozen gebaut. Die Bauherren – Familie Urthaler – bieten ihren Gästen ein außergewöhnliches Holzambiente und werden für ihren Mut zu Holz mit einer außergewöhnlich guten Buchungslage belohnt. Architekten: Tacus, Didone und Moravetz

Heidi und Tim im hohen Norden

Keine Armee kann Ideen aufhalten,
deren Zeit gekommen ist
Victor Hugo, 1802–1885

Die Wege, auf denen Holz100 in die verschiedenen Länder dieser Welt gekommen ist, sind eine beispielhafte Bestätigung für diesen Satz Victor Hugos. Holz100 habe ich als einfacher Förster erfunden und bin damit zum Unternehmer geworden, der eine „hölzerne Idee" durch die Welt begleitet. Allerdings habe ich niemals Betriebswirtschaft oder Welthandel studiert. Nachdem wir anfangs mit großer Begeisterung und Erfolg die ersten Holz100-Häuser in unserer deutschsprachigen Heimat gebaut hatten, fehlten mir Kenntnisse davon, was es heißt, neue Märkte mit sprachlichen und kulturellen Barrieren zu betreten und dort zu bestehen. Von strategischer Planung war keine Rede. Ein Marketingbudget für neue Märkte gab es in der jungen Firma Thoma nicht. Aber für die Idee Holz100 war die Zeit gekommen. Unaufhaltsam erreichten die neuen leimfreien Massivholzhäuser ein Land nach dem anderen. An Stelle groß angelegter Marketingstrategien tauchten immer zur rechten Zeit wunderbare Menschen auf, die sich für bessere Häuser und eine bessere Holzverarbeitung in ihren Ländern einsetzen wollten.

Dass es dabei auch wunderlich und lustig zugehen kann, zeigt die Lebensgeschichte von Heidi und Tim Knackstedt aus Norwegen. Eigentlich kommen die Knackstedts aus Deutschland und haben seit Generationen mit der Försterei zu tun.

Tims Vater, Ulli Knackstedt, heute pensionierter Oberförster, sorgte dafür, dass der Name Knackstedt in deutschen Försterkreisen wohlbekannt beziehungsweise legendär geworden ist.

Nachdem Vater Ulli seinem Sohn ganz offenbar einige Charaktereigenschaften vererbt hat, die später zu den bemerkenswerten Holz100-„Zufällen" geführt

haben, soll daher die Geschichte zu dem Zeitpunkt beginnen, als Ulli Knackstedt noch als Oberförster in seinem Revier im Harz in Amt und Würden war. Manchmal sagt man den Förstern nach, sie seien in grün gekleidete Verwaltungsbeamte, wobei sich der eine oder andere Mitmensch unter einem Beamten etwas überaus Korrektes, ja mitunter Langweiliges vorstellt.

Dieses Vorurteil in punkto Langeweile widerlegte Ulli gründlich. Er gehört zu jenen Menschen, die technisch und praktisch außerordentlich interessiert und begabt und jederzeit bereit sind, diese Begabung tatkräftig einzusetzen. Als ich Ulli kennen lernte, mauerte der damals bereits pensionierte Oberförster gerade einen Ofen auf. Am nächsten Tag traf ich ihn beim Zerlegen einer computergesteuerten Holzbearbeitungsmaschine. Ulli kann fast alles, wobei es ihm am meisten Freude bereitete, Maschinen zu zerlegen und wieder zusammenzubauen. Es hat noch kein neu gekauftes Auto im Hause Knackstedt gegeben, das der Oberförster zum Schrecken seiner Familie nicht sofort nach Übernahme mit Schweißgerät, Bohrer und Nietzangen, mit Flex, Eisensägen und anderem Werkzeug in Empfang genommen hätte. Ulli ging und geht technischen Hintergründen stets auf den Grund und lässt es dabei nicht an Phantasie und Humor fehlen. Neben seiner Försterei wirkte er in aktiven Berufszeiten auch noch als Fortbildner, der seinen Kollegen in verschiedenen Kursen Arbeitstechnik, Maschinen- und Gerätekunde sowie Unfallverhütung beibrachte. Diese Kurse fanden meist im Wald statt. Eines Tages versammelten sich die Kursteilnehmer am Ufer eines der vielen Seen, die es im Harz gibt, und warteten auf ihren Trainer Knackstedt. Pünktlich hörten sie seinen VW heranknattern, aber siehe da, er tauchte am anderen Ufer des kleinen Sees auf. Noch ehe die Försterschar überlegen konnte, was das zu bedeuten hatte, wurden sie Augenzeugen, wie Ulli Knackstedt mit Vollgas auf den See zufuhr und im Wortsinn mit lautem Platsch über die kleine Böschung hinunter in den See stach.

Das Unerwartete geschah: Der Motor ratterte munter weiter und der VW tuckerte flott über das Wasser hin zu den Wartenden. Am anderen Ufer an-

Oberförster Ulli Knackstedt mit seinem selbst umgebauten Amphibienfahrzeug.

gekommen, wurde Oberförster Knackstedts neueste Innovation ausgiebig bewundert. Ulli hatte bei dem Volkswagen einfach mit der Flex das Dach heruntergeschnitten und die Türen wasserdicht zugeschweißt. Ein- und Aussteigen konnte man nur mehr kletternd durch das offene Dach. Als Vollendung des försterlichen Amphibienfahrzeuges ragte am Heck eine kleine Schiffsschraube aus der Karosserie heraus.

Allein, Ulli hatte mit dem noch nicht genug. Was sich im Harz im Waldsee bewährte, muss doch eigentlich auch im großen Meer funktionieren. Der Erfinder wollte sein Gerät auf hoher See testen. Der Käfer war bald mit allen erforderlichen Reiseutensilien gefüllt und schon startete unser Oberförster in Richtung Italien. Weit hinunter nach Neapel ging die Reise und am Strand der Insel Capri kam es, wie es kommen musste. Man kann sich vorstellen, wie geschockt die harmlosen Touristen am Sandstrand der Urlaubsinsel waren: Plötzlich taucht ein selbst umgebauter VW mit abgeschnittenem Dach und Schweißwülsten an den Türen auf. Ein deutscher Oberförster sitzt hinterm Steuer, nimmt Anlauf und gast mit voller Geschwindigkeit auf den Sandstrand zu. Anlauf deshalb, weil das Einzige, was er fürchtete, war – im Sand stecken zu bleiben. Es gelang. Vor den Augen fassungsloser Badetouristen stach Oberförster Ulli Knackstedt am Strand vor Capri im Jahre 1982 mit seinem umgebauten Vehikel in See. Brav drehte sich die Schiffsschraube und schob das Fahrzeug hinaus auf das Mittelmeer. Doch dieses Mal verließ ihn das Glück. Die Wellen klatschten gegen das Blech des Käfers. Die Gischt spritzte über das Auto hinweg und durch das offene Dach herein.

Ehe sich Ulli der Gefahr bewusst wurde, füllte sich der Fußraum im Wagen. Ein Knackstedt-Fahrzeug ist schließlich kein Schnellboot. Das eingeleitete Umkehrmanöver kam zu spät. Wellen und Gischt füllten rasch den Fahrgastraum mit Salzwasser. Sein kostbarer Amphibienwagen sank dem Oberförster von Capri unter dem Hinterteil weg, sodass er keine andere Wahl hatte, als schwimmend das Ufer zu erreichen. Das Autor wurde dann mit Fischerbooten und Seilwinden an Land gezogen. Doch ein Knackstedt gibt niemals auf. In mühsamer Kleinarbeit zerlegte er das Fahrzeug und baute es neu zusammen. Geraume Zeit später und zum guten Schluss fuhr Ulli Knackstedt mit seinem Spezialfahrzeug zurück in den Harz. Dieses Mal ausschließlich am Landweg.

Aus diesem Holz sind Knackstedts geschnitzt, und bekanntlich fällt der Apfel nicht weit vom Stamm. Tim Knackstedt, Ullis Sohn, studierte Forstwirtschaft, schraubte von Kindheit an an allem herum, was ihm in die Hände kam, und überlegte als junger Förster, wie das wohl weitergehen solle, wenn ein Forstamt nach

dem anderen aufgelassen wird. In dieser Zeit lernte er Heidi kennen. Heidi, ebenfalls Spross eines Försters, war damals Medizinstudentin und ist heute Ärztin. Tim und Heidi schlossen den Bund fürs Leben und wanderten nach Norwegen aus. Die Sprache war bald gelernt und in der neuen Heimat fanden sie rasch Arbeit. Heidi, die Neurologin, bekam im Krankenhaus der Kleinstadt Elverum eine Stelle und Tim werkte in den weiten norwegischen Forsten der Hedmark. Die Hedmark ist, grob gesagt, die waldreiche Gegend zwischen der Olympiastadt Lillehammer und der schwedischen Grenze. Da fiel Tim durch Zufall – ein Geschenk aus Deutschland – mein erstes Buch „… dich sah ich wachsen" in die Hände.
Was macht ein Mann der raschen Entscheidung? Er ruft sofort beim Autor des Buches an, stellt sich vor und sagt, er wolle dieses Wissen nach Norwegen bringen. Das sei genau das, was die Leute hier brauchen. Nachdem ich ein österreichischer und kein deutscher Förster bin, habe ich vorerst mit dem Namen Knackstedt nichts anfangen können. (Erst später erfuhr ich von Ulli und dem umgebauten Käfer.) Tatsächlich tauchte nur eine Woche später eine Gruppe Nor-

weger – Tims Chef mit Begleitung und Tim Knackstedt als Dolmetscher – bei mir in Österreich, in Goldegg, auf.

Ich war gerade den steinigen Weg von der Erfindung bis zur ersten eigenen Holz100-Produktionsstätte gegangen und wusste nun, welche Hürden dabei auftauchen. Tims optimistischer Plan, ein Werk zu errichten, freute mich zwar, aber ich war noch zurückhaltend. Doch Tim gab nicht auf. Er stellte sich bald als treibende Kraft in dem Projekt heraus, blieb unbeirrt an der Idee dran, und einige Monate später wurden tatsächlich die ersten Schritte gesetzt. Tim und sein inzwischen pensionierter Vater, die beiden deutschen Förster, brachten die ersten, zum Teil gebrauchten computergesteuerten Maschinen nach Norwegen. In einer aufgelassenen Blockhausfabrikation schraubten die beiden so lange herum, bis die CNC-Maschinen zu laufen begannen. Die erforderlichen Steuerungsdatensätze wurden anfangs von unseren Technikern aus Österreich gemailt.

Das Hotel Opaker war einer der ersten Holz100-Großbauten von Tim Knackstedt in Norwegen. Auch hier führte die Holz100-Geborgenheit zu einer sehr erfreulichen Nachfrage der Gäste. Architekt: Anders Bjerke

Holz100-Kindergarten in Oslo.
Gerade unseren Kindern sollen wir den Zauber und die Energie des Holzes mit auf ihren Lebensweg geben.

Umweltbilanz, das bei großem Medieninteresse von Tim Knackstedt und seinen Mitarbeitern im Herbst 2007 vor den Augen der norwegischen Öffentlichkeit errichtet wurde. Für Tim war dieses Vertrauen der königlichen Familie und ein anschließend erteilter Folgeauftrag einer der schönsten Vertrauensbeweise, die er sich vorstellen konnte und eine Krönung seiner bisherigen Arbeit. Der Staat Norwegen hat erkannt, welches Potential in der leimfreien Vollholzbauweise liegt. Gesundheit für die Bewohner, nachwachsender Rohstoff aus dem eigenen Land und vollständige Wiederverwendbarkeit der chemiefrei verdübelten Holz100-Bauelemente machen diesen Weg, langfristig betrachtet, nicht nur zur kostengünstigsten Baumethode. Es ist auch auf architektonisch höchstem Niveau eine Antwort auf Zukunftsfragen wie Klimaerwärmung und menschengerechtes Bauen und Wohnen. Eine Antwort ohne „Nebenwirkungen" und verborgene Nachteile.
Tim ist gerade auf der Suche nach Investoren für ein neues, großes, modernes Holz100-Werk.
Nach der erfolgreichen Fertigstellung all der öffentlich wahrgenommenen Bauten in Norwegen stapeln sich auf seinem Schreibtisch die Anfragen für kleine und große Bauvorhaben mit dem leimfreien Vollholzsystem. Was liegt da näher, als das nachwachsende Holz aus den eigenen, nahen Wäldern auf die gesündeste und technisch beste Weise zu verarbeiten? Darauf angesprochen, meint Tim: „Siehst du, bei unserem ersten Telefonat habe ich dir ja gesagt, Holz100 ist das, was die Leute hier brauchen. Die Idee ist, einfach so zu wohnen, wie im Inneren eines Baumstammes!"
Wie meinte schon Victor Hugo: „Keine Armee kann Ideen aufhalten, deren Zeit gekommen ist."

In der Küche von Heidi und Tim.
Hier ist es auch dann wohlig warm, wenn das Thermometer draußen kälter als minus 30 Grad Celsius zeigt. Holz100 sei Dank!

Die Kirche von Hara Mura

Erik Froyland ist Norweger. 2008 lebt er das 28. Jahr in Japan. Erik ist Pastor. Als evangelischer Pastor ist er vor einem guten Vierteljahrhundert in das Land der aufgehenden Sonne gekommen. Als ich das erste Mal von Erik hörte, arbeitete und betete er in der Präfektur Nagano in der Gemeinde Hara. Dieser Ort liegt ungefähr 160 Kilometer westlich von Tokio. Erik lernte ich durch meinen Freund, den Vertreter der Firma Thoma in Japan, Peter Mathä, kennen. „Erwin, es gibt hier einen Pastor, der möchte mitten in Japan eine christliche Kirche bauen. Unter anderem bemüht sich Pastor Froyland um Menschen, die in die Abhängigkeit einer Sucht geraten sind. Mitten im Wald möchte er nicht nur ein Haus des Gebets, sondern auch ein Diakoniezentrum, einen Ort der Stille, der Einkehr und der Heilung entstehen lassen. Der Pastor ist ein ganz lieber Mann. Er hat jetzt ein kleines Waldgrundstück gekauft. Es liegt mitten in einem Wald, der mit dschungelartig dichtem Unterholz nahezu undurchdringbar dicht verwachsen ist. Nachdem der Platz so abgelegen und verwachsen war, konnte es der Pastor sehr billig kaufen. Einen uralten, rostigen Bagger hat er auch gekauft. Damit hat er allein das Baggerfahren erlernt und gräbt jetzt einen Weg durch das Gestrüpp. Mit einigen freiwilligen Helfern bereitet er den Bau seiner Kirche vor. Allerdings hat er jetzt nach diesen Investitionen praktisch keinen Groschen Geld mehr. (Damals gab es in Österreich noch Schilling und Groschen.) Er sagt, dass er fest auf Gott vertraut und dass er mit seiner Familie beten wird!“ So stellte mir mein Freund Peter das Projekt vor.

Ein Bauherr, der nicht einmal eine kleine Geldsumme zu Beginn seines Projekts besitzt, aber auf einem alten Bagger sitzt, sich durch das Unterholz seinem Ziel entgegengräbt und unerschütterlich daran glaubt, dass Gott den restlichen Teil erledigen wird, für den ihm selbst die Mittel fehlen! So jemand war mir noch nie begegnet. Peter teilte mir mit, dass er dem Pastor in jedem Fall helfen wolle. Er könne allerdings jetzt noch nicht sagen, wie weit diese Hilfe gehen werde.

Ich habe viele Stunden in Kirchen, Tempeln und Gebetshäusern in vielen Ländern zugebracht. Dort habe ich Inspiration gefunden und mich oft gefragt, wer die Menschen waren, die so etwas gebaut haben. Welche Kunst sie beherrschten, wel-

Vor kurzer Zeit stand hier noch ein Pastor mit seiner Vision und einem rostigen Bagger allein im Gestrüpp.

chen Eingebungen sie folgten, was sie dachten, wie sie arbeiteten. Ganz still und leise habe ich dann in mir den vagen Wunsch bemerkt, beim Bau einer Kirche mitzuarbeiten, meine Fähigkeiten und mein Wissen zu so einem Projekt beitragen zu können. Und jetzt kommt diese eigenartige Botschaft von einem Pastor, der sich gerade mit einem alten Bagger und ohne Geld durch das japanische Unterholz gräbt, seiner Vision von einer Kirche entgegen. Das noch dazu mitten im buddhistischen bzw. shintoistischen Japan.

Trotz der absurd erscheinenden Situation hatte ich ein gutes Gefühl und bat Peter, dem Pastor auszurichten, dass ich dabei bin, wenn er das möchte. Per Post lernte ich nun Erik Froyland kennen. Wir tauschten unsere Gedanken und Ansichten aus, und meine Techniker begannen mit den Berechnungen und Kalkulationen für eine Kirche in einem der exponiertesten Erdbebengebiete der Erde. Die Kirche musste auch noch für Taifune, Stürme mit bis zu 200 Stundenkilometern, statisch ausgerichtet werden.

Später beim Schreiben des Auftrages meinte der Pastor: „Wir müssen alle viel Vertrauen haben. Ich kann alle Verträge dieser Welt unterschreiben, aber ich habe immer noch kein Geld. Das beunruhigt mich aber nicht, weil bis jetzt habe ich ja auch noch kein Geld benötigt. Gott gibt, was wir brauchen und zwar zum richti-

gen Zeitpunkt!" Ich habe die Entwicklung genau verfolgt. Meine damals noch sehr kleine Firma hätte den Ausfall der Bezahlung für die Kirche nicht verkraften können. Es war also wirklich herausfordernd, Produktions-, Liefer- und Zahlungstermine mit dem Wissen festzulegen, dass der Bauherr noch weit davon entfernt ist, sich das leisten zu können.

Als es los ging, habe ich mich am Anfang gewundert und dann nur noch gestaunt. Manchmal war am letzten Tag vor einem Zahlungstermin noch kein Geld da. Pastors Kommentar: „Ich muss beten!" Irgendwie sind dann immer, wenn es ernst wurde, Menschen aufgetaucht, die in „letzter Sekunde" geholfen haben. Es gab Spenden, Bürgschaften und persönliche, unentgeltliche Arbeitsleistungen.

Dem Pastor war es besonders wichtig, einen Bau zu errichten, der den Menschen auf drei Ebenen dient: Es soll ein Ort werden, an dem

- die Beziehung des Menschen zu Gott,
- die Beziehung des Menschen zu seinen Mitmenschen,
- die Beziehung des Menschen zu Gottes Schöpfung, seiner Umwelt,

gefördert, geheilt und gesund erhalten wird. „Unter diesen Voraussetzungen kann ich nur mit der Natur bauen, um zu meinem Ziel zu gelangen. In meine Kirche werde ich nichts Giftiges einbauen," meinte der Pastor. Holz, reines Holz in Form von unverleimtem Holz100 und Schafschurwolle zur Wärmedämmung kamen deshalb zum Einsatz. (Der Bau liegt in der Präfektur Nagano auf 1200 Metern Seehöhe. Dort gibt es kalte und durchaus schneereiche Winter.)

Am 26. August 2002 wurde mit dem Aufstellen der ersten Holz100-Wände begonnen. Schon am 22. Dezember konnte Erik Froyland seine erste Messe in der Kirche lesen. Am Klavier begleitete seine Frau Noriko, die Töchter musizierten auf der Geige und sangen mit der versammelten Gemeinde die Weihnachtslieder.

Erst im Oktober 2003 fand die offizielle Einweihungsfeier der Kirche und des Diakoniezentrums der norwegischen Mission Hara Mura statt. Die anwesenden Persönlichkeiten des öffentlichen Lebens, etwa ein Abgeordneter des japanischen Parlaments, der Botschafter von Norwegen oder der Generalsekretär der norwegischen Mission, staunten und würdigten das ungewöhnliche Werk des Pastors. Besonders berührt hat mich die abschließende Rede des Bürgermeisters von Hara. Der kleine drahtige Mann schritt an das Rednerpult vor dem Altar und begann mit den Worten: „Ich bin der Bürgermeister des Dorfes Hara. Ich bin Buddhist!" Er schwieg einen Moment

Die Kirche von Hara Mura.
Architekt: Gutschow

Die wilden Vorarlberger

Im österreichischen Holzbau gilt das kleinste und westlichste Bundesland als Land der Pioniere und Ausgangspunkt einer Entwicklung, die in Sachen Holzbau letztlich ganz Österreich weit nach vorne gebracht hat. In den achtziger und neunziger Jahren war dem noch nicht so. Ausgehend von einer kleinen Vorarlberger Zelle aus Architekten, Handwerkern und Bauherren ist es dort als Erstes gelungen, die Baugesetze wesentlich holzfreundlicher zu gestalten bzw. gesetzlich einbetonierte Holzverhinderungsparagraphen zu entfernen. Alles Weitere ist heute bereits Geschichte. Der daraus entstandene Holzbauboom ließ Hunderte und Tausende Arbeitsplätze entstehen, neue Wertschöpfungsketten aus heimischem Holz wuchsen hervor, Betriebe begannen zu kooperieren, zu forschen und zu entwickeln. Der Vorarlberger Holzbau ist heute ein Musterbeispiel für eine gelungene Regionalentwicklung. Das Thema Holz belebt dabei nicht nur Holzbetriebe. Der Tourismus, verwandte Bauunternehmen, das Bildungswesen – alle profitieren, wenn eine ganze Region es schafft, in einem Thema international anerkannte Beiträge und Leistungen zu erbringen. Wie immer, wenn Pioniertaten erbracht werden, sind es meistens einige wenige Personen oder Leitbetriebe, die als Initiatoren und Antreiber der Entwicklung wirken und in der Folge andere begeistern und eine breite Bewegung auslösen.

Eine dieser Vorarlberger „Holzpionierzellen“ findet sich in der Familie Kaufmann. Für Außenstehende auf den ersten Blick gar nicht so leicht zu durchschauen, gibt es eine Reihe verwandter Architekten und Holzunternehmer namens Kaufmann. Einer der jungen, wilden Vorarlberger Holzarchitekten, der es zu international beachteten Projekten gebracht hat, heißt wieder Kaufmann.

Oskar Leo Kaufmann plante für einen „seiner“ Tischler, der für ihn viele Projekte umgesetzt hat, das private Wohnhaus. Ich hatte schon viele Gespräche mit Architekten erlebt, bei denen es um Machbarkeit ging und dabei immer wieder gelernt, dass es das Urteil „geht nicht“ nicht gibt. Meistens fand sich immer ein Weg, auch schwierigste Aufgaben zu lösen.

Der Entwurf von Oskar Leo Kaufmann für das Wohnhaus der Familie Rüscher entlockte mir allerdings die Einschätzung: „Das geht aber wirklich nicht mehr.“

Die statische Idee für den modernen Baukörper war, im Obergeschoß die Schlafräume sozusagen frei über den darunter liegenden Wohnräumen schweben zu lassen.
Diese Wohnräume haben nur Glaswände und keine tragfähigen Auflager. Der einzig tragende Punkt ist das Stiegenhaus aus Beton im Inneren des Hauses. Daran muss der restliche Holzbau so angehängt werden, dass die Schlafräume sozusagen optisch wegschweben. Erschwerend kam dazu, dass die Scheiben des Stiegenhauses durch zahlreiche Türöffnungen stark geschwächt wurden.
Rückblickend muss ich meine erste Einschätzung zurücknehmen. Das moderne Wohnhaus wurde mit Holz100-Elementen gebaut. Als einer der statischen Tricks, die das ermöglichten, verwendeten wir wesentlich mehr Dübeln als bei normalen Elementen, insbesondere in Decken und Dachelementen. Die Funktion des ungewöhnlichen Entwurfs hat sich nun schon seit mehreren Jahren, darunter ein extrem schneereicher Jahrhundertwinter, bewährt.
Geblieben ist ein Bau, der nicht nur dem Baustoff Holz sehr viel abverlangt hat. Puristisch verdübelte Holzelemente, Sichtbeton, Stahl und Glas – der Architekt hat eine Formensprache geschaffen, die sich sehr von Gewohntem abhebt.

Die Gesetze der Schwerkraft sind bei diesem modernen Wohnhaus der Familie Rüscher scheinbar aufgehoben.
Architekt: Oskar Leo Kaufmann
Baustoff: Holz100

Holz rettet Kulturschätze

Unsere Bäume liefern eines der Schlüsselmaterialien zur Umstellung unserer Wirtschaft auf eine nachhaltige und gesunde Basis. Dies und die vielen technischen Vorzüge der hochintelligent vernetzten Zellstruktur der Baumstämme wird heute nicht mehr in Frage gestellt. Der Wald ist drauf und dran, seine Rolle und Bedeutung für eine moderne zukunftsfähige Zivilisation neu in unsere Herzen zu schreiben.

So weit ist die Entwicklung erfreulich und allen Interessierten bekannt. Überraschend und vielfältig wie das Holz selbst sind hingegen immer wieder neue Möglichkeiten und Qualitäten, die sich im Inneren unserer Bäume entdecken lassen. Einer, der so einen ungewöhnlichen Grund gefunden hat, sich und seine Schützlinge ganz in Holz einzuhüllen, ist Ernst Kieninger.

Herr Kieninger übt einen äußerst anspruchsvollen und vielseitigen Beruf aus. Er ist restaurierender Handwerker, Künstler und Manager in einem. Als Direktor des Österreichischen Filmarchivs führt Herr Kieninger einen täglichen Kampf gegen den Zahn der Zeit, der unaufhörlich an den Schätzen des Filmarchivs nagt.

Die größten Schätze sind die ältesten erhaltenen Filmstreifen auf Nitrobasis. Sobald Luftfeuchtigkeit und Temperatur den optimalen Bereich (4 Grad Celsius und max. 40 Prozent relative Luftfeuchtigkeit) verlassen oder zusätzliche Belastungen auftreten, etwa wenn ausgasende Chemikalien aus der Bausubstanz oder aus Behältern austreten, beginnen die Chemikalien der sensiblen Nitrofilme zu reagieren. Es kommt dabei auf den Filmrollen zu regelrechten Ausblühungen. Wenn der Prozess nicht sofort gestoppt wird, zerbröseln die kostbaren Dokumente. Weltweit sind auf diese Weise unvorstellbare Kostbarkeiten aus den Anfangszeiten des Films verloren gegangen.

Ernst Kieninger steht allerdings mit seiner Sorge um die ihm anvertrauten Streifen nicht mehr alleine da. Rund um den Globus gibt es eine Vielzahl von Filmmuseen und Archiven, die genau dasselbe Problem zu lösen versuchen. Selbstverständlich wird inzwischen zur Lagerung moderne Klimatisierungs- und Steuerungstechnik eingesetzt.

Der älteste Film, welcher der Menschheit erhalten geblieben ist, war in einer japanischen Holzkiste gelagert.

明治四十三年十二月十六日
故小林富次郎葬列
活動寫眞
フヰルム　壹組

Trotzdem fand man gegen den Zahn der Zeit noch nicht endgültiges Gegenmittel. Die Restauratoren rund um ihren Direktor Kieninger haben wie all ihre Kollegen weltweit immer noch alle Hände voll zu tun.

Der drohenden Zersetzung seiner Filme setzt Österreichs oberster Filmhirte ein ausdauerndes Bemühen um Verbesserungen in der Lagerung entgegen. Selbstredend setzen die Fachleute hier auch auf den internationalen Austausch ihrer Erfahrungen. Und dies sehr erfolgreich, wie wir gleich sehen werden. Es klingt fast wie eine Parabel auf unsere moderne Zeit, wie weit entfernt eine überraschend einfache Lösung mithilfe von Holz gefunden wurde. Im National Film & Art Museum in Tokio fand Ernst Kieninger Japans einzigen Nitrofilm aus der Periode vor 1920, der in ausgezeichnetem Zustand die lange Zeit überstanden hatte. Herr Kieninger schreibt über die Entdeckung in Tokio in einem Brief:

„In Japan hat nur ein einziger Nitrofilm aus der Zeit vor 1920 überlebt. Dieser war in einer Holzkiste gelagert. Es handelte sich dabei um das Originalnegativ von ‚Funeral of Tomijiro Kobayashi'. Sehr oft zeigen Nitrofilme in Japan eine hydrolitische Zersetzung der Emulsion. Dieses älteste japanische Nitro ist jedoch in einem ausgezeichneten Zustand. Der Zusammenhang mit der Lagerung in einer Holzkiste scheint evident. Diese hat sicherlich feuchtigkeitspuffernd und in geringerem Maß auch temperaturpuffernd gewirkt. Zudem dürfte das Holz Schadstoffe, die bei jeder Nitrofilmalterung anfallen, absorbiert haben und damit einen positiven Effekt in Bezug auf Emulsion sowie Katalyse der Zersetzung gehabt haben."

Holz, säurebeständig durch seine komplexe Zellstruktur, feuchtigkeitspuffernd und optimal temperaturträge und temperaturpuffernd? Der Direktor hatte den erträumten optimalen Filmlagerwerkstoff gefunden. Nebenbei konnte noch ein weiteres Problem gelöst werden. Bei jeder Nitrofilmalterung werden aggressive Schadstoffe an die umgebende Raumluft abgegeben. Schadstoffe, die so sogar die Stahlarmierung im Betonbau der Filmherberge angreifen und übel zurichten können.

Diese Argumente waren für die österreichischen Filmleute so überzeugend, dass sie zur Tat schritten. Am Rande von Wien sollte ein neues, hölzernes Filmarchiv entstehen. Eine geniale Idee nach historischem Vorbild schien nur mehr auf ihre Verwirklichung zu warten. Doch mit den ersten konkreten Konzepten mit herkömmlichen, hochgedämmten Skelettbau-Holzsystemen tauchten neue, unerwartete Probleme auf.

Diese Varianten waren nicht zuletzt durch die erforderliche Klimatechnik zwar mit passivhaustauglich gedämmten Wänden versehen, aber es sollten jede Menge verleimter Kanthölzer und – noch riskanter – verleimte Holzwerkstoffplatten eingesetzt werden. Was bewirken die Ausgasungen dieser Leime an den Filmen? Und umgekehrt, was passiert an der Holzkonstruktion durch die Filmemissionen? Niemand konnte und wollte dieses Risiko eingehen.

In dieser Situation – gibt es Zufälle? – entdeckte Ernst Kieninger die absolut leim- und „chemiefreie" Holz100-Bauweise. Hier war die risikofreie Lösung seiner Anforderung gefunden. Durch Holz100 wurde es für ihn plötzlich möglich, die traditionelle japanische Filmbox sozusagen in der Großversion als Filmarchiv zu bauen. Normalerweise könnte hier die Geschichte mit dem Happy End für alle Filmarchive abgeschlossen werden.

Aber Künstler, Wissenschafter und Forscher haben meistens eines gemeinsam: Wenn eine Aufgabe gelöst erscheint, versuchen sie immer noch hinter die Kulissen der schönen Lösung zu schauen, zu fühlen und weitere Fragen zu stellen.

Bereits bei unserem ersten Zusammentreffen kreiste unser Gespräch rund um das Thema Klimatisierung, Kühlung und Raumklimapufferung. Zweifellos liefert Holz als Lagerhülle für die Filme optimale Bedingungen. Das hat ja die

japanische Box gezeigt. Der Anspruch an ständig konstante Bedingungen ist jedoch so außerordentlich hoch, dass die übliche Regeltechnik auch hier eingebaut werden sollte.
An diesem Punkt tauchten interessante Fragen auf: Kann die Holzhülle mit ihrem natürlichen Puffervermögen einen so wirksamen positiven Einfluss auf das Raumklima nehmen, dass die technische Klimatisierung im Vergleich zu einer konventionellen Bauweise deutlich kleiner ausgelegt werden kann? Kann dadurch der erforderliche Energieverbrauch deutlich reduziert werden? Und wenn das möglich ist, wie weit geht diese Energieeinsparung? Ist es vielleicht möglich, so weit zu kommen, dass überwiegend Sonnenenergie zur Kühlung ausreicht?
An dieser Stelle wurden Wissenschafter der Technischen Universität Graz zu Rate gezogen. Mittels thermodynamischer Gebäudesimulation konnten die Visionen bestätigt werden. Unsere 36 cm starken Massivholzwände puffern normalerweise auftretende sommerliche Temperaturspitzen so wirkungsvoll weg, dass die Leistung der Klimaanlage wesentlich kleiner ausgelegt werden kann. Genau das ist aber entscheidend, um die umweltfreundliche und kostenlose Sonnenenergie für die Kühlung einzusetzen. Klimaanlagen mit reinem Solarantrieb haben oft das Problem, dass ihre Leistungskraft in den ärgsten Hitzestunden nicht mehr ausreicht. Dies ist insbesondere dann der Fall, wenn durch Leichtbauweise oder bei großen Glasfassaden die Mittagshitze beinahe ungehindert in das Gebäude eindringen kann. Ein Massivholzbau hingegen wirkt gegen kurzfristig auftretende Hitze als puffernder und kühlender Schirm. Dadurch wird die entscheidende Spitzenlast für die Klimaanlage verringert. In Laxenburg bei Wien konnte auf diese Weise das weltweit erste Filmarchiv gebaut werden, das ausschließlich aus nachwachsendem Holz der Region errichtet ist und von der Sonne gekühlt wird. Klingt wie ein Öko-Märchen, bringt aber in der Realität wissenschaftlicher Überprüfung eine sensationelle Verbesserung im Lagerklima für historische Nitrofilme und ist nebenbei ein hervorragendes Pilotprojekt für solare Gebäudekühlung. Wer weiß, wie viel Erdöl und Strom auf dieser Welt für Klimaanlagen verbraucht wird, kann sich vorstellen, wie wichtig es ist, gerade hier durch Innovationen das Einklinken in die natürlichen, umweltfreundlichen Energieströme der Sonne zu erreichen. Die gute Sonne sendet ja immer dann am meisten Energie auf die Erde, wenn der Kühlbedarf am höchsten ist. Puffernde Massivholzwände und Decken können genau an diesen heißen Tagen so viel von kurzfristigen Hitzespitzen wegpuffern, dass die Sonne als Energiequelle für die Kühlanlage ausreicht. Sonne und Holz: Was für ein Team, um Geborgenheit und bestes Wohnklima zu schaffen!

Die beinahe 100 Jahre alte Holzbox aus Japan führte unseren Filmdirektor zu seinem Sieg im Kampf gegen den Zahn der Zeit. Führt sie auch uns zum besseren Bauen und Wohnen mit Holz? Führt sie uns zum Kühlen mit Solarenergie an Stelle von Atomstrom und Erdölverbrennung?

Technische Daten Österreichisches Filmarchiv aus Holz100

AUSSENWAND:	36,4 cm Holz100 2 cm Holzweichfaser 24 mm Lärchen – Boden / Deckelschalung U-Wert: 0,104
DACH:	U-Wert: 0,121
RECHNERISCHE AUSKÜHLDAUER:	777 Stunden = mehr als ein Monat (im Vergleich zu 2 Tagen bei Ständerkonstruktion)
KLIMATISIERTE INNENRAUMTEMPERATUR:	4 Grad Celsius
KLIMATISIERTE INNENRAUMFEUCHTE:	40 Prozent relative Luftfeuchtigkeit

Die Sauna am Ossiacher See

Die tiefe Verbindung zwischen Mensch und Baum hat Franz von Assisi mit zwei Worten auf den Punkt gebracht: „Bruder Baum“. Eine große Wahrheit wird da mit zwei Worten für jeden verständlich. Mit deinem Bruder verbinden dich tiefe Wurzeln, die weit vor eure Lebenszeit zurückreichen. Unseren Bruder können wir uns nicht aussuchen und ihn schon gar nicht austauschen. Er ist und bleibt unser Bruder. Die Verbindung zwischen Menschen und Bäumen ist unendlich tief. Sie ist im Grunde unserer Seele und unseres Herzens gesund und fest verwachsen.

Eine derart tiefe und unauflösbare Verbindung entsteht nicht von heute auf morgen. Jahrtausende hat der Mensch Zeit bekommen, sich unter Bäumen zu entwickeln, hier zu leben, an ihren Stämmen zu arbeiten, zu schwitzen, zu lernen, zu fühlen, zu sehen …

Bäume haben dem Menschen die erste Feuerwärme geschenkt. Bäume haben im wörtlichen Sinn das erste Dach über dem Kopf des Menschen gebildet. In allen Kulturen und Religionen der Erde spielen Bäume eine zentrale Rolle. Der germanische Weltenbaum, die Esche „Yggdrasil“, reichte in den Himmel hinauf und diente den Göttern zum Anbinden der Pferde, bevor sie – zu Fuß – zu den Menschen hinabstiegen. Damit wurde die Verbindung zum Menschen geschaffen, der auf dem Erdboden steht und emporblickt. Ein Motiv, das weltweit in Mythen und vergangenen Religionen zu finden ist.

Bäume verbinden den Menschen mit dem Himmel, mit den Göttern. Sie spielten jahrtausendelang eine zentrale Rolle, wenn der Mensch sich die Sinnfrage gestellt hat: „Wer bin ich, woher komme ich, wohin gehe ich?“ Bäume hatten nicht nur praktisch, sondern auch mythisch lange Zeit eine mütterliche und lebenserhaltende Funktion für die Menschen. Lif (Leben) und Lifrasir (Lebensdrang) haben sich in germanischen Mythen in Zeiten von Katastrophen in das Holz des Weltenbaumes zurückgezogen und konnten im Schutz der Esche Yggdrasil überdauern. Sie sind dann von dort wieder zu den Menschen zurückgekehrt. Ein

Sich in der Sauna entkleiden und ganz von Massivholz umhüllen lassen – dieses Konzept der Holz100-Sauna sorgt für Saunavergnügen, das nicht mehr besser sein kann.
Architekt: Siegfried Neuwirth

Bild, das auch aus dem heutigen Blickwinkel der Naturwissenschaft bestätigt werden kann. Ohne die Photosynthese, die Sauerstoffproduktion, die Humusbildung und ohne all den ökologischen Funktionen unserer Wälder könnten Menschen auf dieser Erde nicht leben. Im Holz der Bäume liegt Schutz und Lebensenergie für uns Menschen.

Bäume sind als behütende Begleiter des Menschen auf seinem Entwicklungsweg in unser Fleisch und Blut, in unseren Geist und in die Seele übergegangen. Tief in unserem Unterbewusstsein sind die Wohltaten des Holzes gespeichert.

Die unverwischbaren Spuren der Evolution haben den Menschen mit seinen Bäumen brüderlich verbunden. Kein Wunder, dass es dem Material Holz vorbehalten ist, unsere Seele zur Ruhe zu bringen, unseren Geist auch in der größten Hektik des modernen Alltags zu bündeln und unseren Körper gesunden zu lassen.

Woher *stammst* du? Erzähle mir etwas von deinem *Stammbaum*. Ein *verwurzelter* Mensch bleibt auch in stürmischen Zeiten stabil. *Verzweigen* sich die Wege meiner Kinder? Na ja, sie stehen jetzt ja *voll im Saft*. Und auch ihren *Trieben* müssen sie folgen. Wenn sie bloß ihre *Wurzeln* nicht vergessen, den *Boden* unter den Füßen nicht verlieren, dann können sie auch auf ehrliche Weise am *längeren Ast* sitzen. Sie sind ja aus einem besonderen *Holz geschnitzt*.

Bäume sind in unserer Sprache seit alters her tief verwurzelt. Die vielfältige Verwobenheit zwischen Baum und Mensch unterscheidet den Naturbaustoff Holz ganz wesentlich von anderen, vergleichsweise jungen Materialien.

Die positive Verankerung in der Menschenseele gelingt Materialien und Lebewesen nur über sehr, sehr lange Zeiträume. Jetzt, nachdem der Bruder Baum dem Menschen über Jahrtausende so viel Gutes getan hat, bietet sein Holz uns Men-

Vom Bürohaus zum Hotel, vom Wohnhaus zum Kindergarten, überall ist Lebensenergie, Entspannung und Geborgenheit wichtig.
Als ungewöhnliches und wohl auch unerwartetes Beispiel für diese Geborgenheit und neue Lebensqualität, geschenkt vom Bruder Baum, möchte ich die Sauna am Ossiacher See der Familie Pölzl in Kärnten vorstellen:
Wie das Projekt zustande kam, schildert ein Brief des Bauherren und Hoteliers am Ossiacher See in Kärnten, Peter Pölzl. Den Brief erhielt ich nach Fertigstellung des Bauwerks:

„Lieber Erwin,
es war der 22.12.2004, als wir nach unserem Kennenlernen bei Judith und Hanzej einen ersten E-Mail-Kontakt bezüglich meiner Seesauna hatten. Ich habe mir die Nachrichten gerade durchgelesen. Was folgte, war ein kurzer Besuch bei deinem Vortrag in Kötschach Mauthen, ein Besuch im Forschungszentrum mit meinem Architekten und dann fing das ‚Werkl' an zu laufen.
Sieben Monate nach unserem Erstkontakt (Mitte Juli) konnte ich mit meinem Seesaunahaus in Betrieb gehen und diese hat uns und unseren Gästen seither einen großen Dienst erwiesen. Die Rückmeldungen der Gäste sind einzigartig. Obwohl diese vielreisend und daher auch ‚erfahren' sind, teilen die Gäste mir immer wieder mit, dass sie so etwas noch nicht gesehen haben. Über die Einzigartigkeit des Projektes bin ich besonders erfreut. Dazu gehört natürlich ein kreativer Architekt und Firmen, die in partnerschaftlicher Art und Weise am Projekt beteiligt sind.
Ich möchte dir mitteilen, dass du auf dein ‚Thoma-Team' zu Recht stolz sein kannst. Die Zusammenarbeit war sehr gut und all deine Mitarbeiter strahlen eine beruhigende Kompetenz aus. Architekt Neuwirth hat im Besonderen über die Zusammenarbeit mit euren Technikern geschwärmt.
Ich möchte dir heute ein paar Fotos zusenden, damit du dir über unser Seesaunahaus einen Überblick verschaffen kannst. Vielleicht findest du auch die Möglichkeit, diese in den Referenzbereich deiner Homepage zu stellen. Mein Einverständnis hättest du dazu.
Gerne würde ich dir bei einem Aufenthalt (einer Durchfahrt) in Kärnten die Sauna persönlich zeigen. Gib mir zuvor Bescheid, wenn du kommen solltest.
Herzliche Grüße nach Goldegg,

Peter Pölzl"

In der Holz100-Sauna spürt der Besucher, wie wunderbar es ist, sich ganz auf Holz einzulassen.

Musik schwingt im Haus

Frau Kofler ist Musikerin. Sie unterrichtet und musiziert aus Freude und von Berufs wegen. Ihr Mann teilt diese Liebe zur Musik. Herr Kofler ist Soloflötist bei den Münchner Philharmonikern und lehrt unter anderem am renommierten Salzburger Mozarteum. Klang und Schwingung haben für Koflers, die eine ganze Reihe von Instrumenten spielen, eine große Bedeutung, ja ihr Leben ist durchwoben von Tönen, Musik und Klang.

Neugierig fuhr ich zum gerade fertiggestellten Haus der Familie Kofler. Mir ging die Frage durch den Kopf, ob Menschen, die so gefühlvoll mit Schwingungen umgehen, auch ihrem Haus ein eigenes, unverwechselbares Gepräge geben, und ob man spüren kann, im Haus von Musikern zu sein.

Man kann. Bereits die Haustüre erzählt dem Besucher auf einzigartige Weise von der Leidenschaft der Hausbewohner. Ein Kunstwerk aus massivem Holz, in dem, groß wie eine Tür, auf Glas ein Notenschlüssel aus edlem Hartholz eingelassen ist, empfängt den Gast. Kaum eingetreten, umhüllt der feine Geruch unbehandelten Holzes die Menschen. Gerne führt uns Frau Kofler durch ihr Traumhaus, wie sie es nennt. Die Fußböden führen uns die verschiedenen Hölzer heimischer Wälder vor Augen. Obwohl draußen Schwüle und gewittrige Hitze herrscht, ist es drinnen angenehm kühl. Die massigen Holz100-Wände vollbringen spürbar ihre temperaturausgleichende Wirkung. Dann ein Höhepunkt des Hauses: der Musikraum. Extra eineinhalb Geschoße hoch, unterscheidet sich der Raum von allen anderen im Haus. Zwei große Glasflächen, Türen in den Garten, breiten das Licht jeder Tageszeit über das Cello und die beiden Harfen, über den Flügel und all die Instrumente hier aus. Alle anderen Oberflächen bestehen aus Holz. Die Wände wurden extra als Holz100-Elemente mit stehender Zirbendecklage ausgeführt. Die Holz100-Decke ist aus Tannenholz gefertigt und am Fußboden liegt schillernder Bergahorn. Der Hals des Streichinstruments, ebenfalls aus Bergahorn, spiegelt sich im Holz des Bodens wider.

„Die Akustik hier ist ein Traum“, schwärmt Frau Kofler. „Wir hatten Bedenken, dass das Glas der großen Türen den Raum akustisch zu hart macht,

Lehmputz auf der Holz100-Wand und der Fußboden aus Bergahorn – im Musikzimmer der Familie Kofler.

aber das Holz gleicht das wunderbar aus. Auch der Schallschutz ist sehr gut. Wir können hier bis tief in die Nacht hinein spielen, ohne dass unsere Nachbarn gestört werden!"

Dann geht es wieder zurück in die Diele mit dem Blick hinaus zum Wintergarten. Die Wand neben der Treppe ist mit Lehm verputzt. Sie dient gleichzeitig als Wandheizung. Aber die „nur" verputzte Wand wurde von den Musikern wieder einzigartig gestaltet. Ein aus Lehm modellierter Cellohals reicht erdfarben über zwei Geschoße und strahlt den Geist des Hauses aus. Noch nie habe ich einen individueller und kunstvoller gestalteten „Heizkörper" gesehen als diese Lehmskulptur im Stiegenhaus der Familie Kofler. Warmes Wasser wird in Rohren durch den Lehm geleitet. Dieser strahlt nun die Menschen an, führt sie gewärmt in den oberen Stock zur Nachtruhe oder am Morgen zum neuen Tag nach unten in das Erdgeschoß. Im Zentrum der großen Lehmschnecke mündet die Windung schließlich in eine sanft geformte Wölbung, die als Wandleuchte ausgeführt wurde.

Reiner Lehm auf reinem Holz mit der Liebe zur Musik, die in diesem Hause lebt, geformt als einzigartiges Wandheizungssystem und nicht zuletzt auch noch die Wandbeleuchtung kunstvoll gelöst … Kreativ selbst das Haus mitgestalten – die beiden Musiker haben ihrem Traumhaus seine Einzigartigkeit verliehen.

Früher sind Instrumentenbauer ein Leben lang durch die Wälder gestreift, auf der Suche nach Haselfichte, Riegelahorn und all den besonders klingenden Stämmen. Frau und Herr Kofler haben sich ganz in Holz eingehüllt. In ein Material, das im Rhythmus und in der Schwingung der Jahreszeiten gewachsen und von schwingenden Energien des Bodens und des Himmels geformt wurde. Das Ergebnis dieser Idee beeindruckt auch jeden Nichtmusiker. In Holzkirchen ist hinter der Fassade der schönen ortsüblichen, traditionellen Architektur ein Musikatelier entstanden, das die darin weilenden Künstler zu den Energien, Schwingungen und Klängen der Natur führt.

Ein Kunstwerk als Heizkörper. In der Lehmschnecke auf der Holz100-Wand sind Warmwasserleitungen eingebaut. Architekturbüro Winfried Schneider

Stolz auf Käse und Holz

Ein „Mannsbild", wie man sich das in Bayern vorstellt – das ist Sepp Krönauer. Bodenständig und mit seiner Meinung immer kerzengerade heraus – Sepp würde in jedem bayrischen Heimatfilm eine ausgezeichnete Rolle abgeben. Der Lebens- und Berufsweg dieses Mannes ist tatsächlich eine bemerkenswerte bayrische Erfolgsgeschichte, die stets vom Hemdsärmel Aufkrempeln und Anpacken geprägt war und ist.
Als einfacher Bauernbursch aufgewachsen, brannte Sepp, wie jeder junge Mann, darauf, so schnell wie möglich die Führerscheinprüfung abzulegen. Kaum war diese Hürde genommen, wurde mit dem ersten klapprigen Auto sofort die nähere und weitere Umgebung erkundet. Dabei kam er aus seiner malerischen Allgäuer Heimat auch über die nahe österreichische Grenze nach Vorarlberg in den Bregenzerwald. Reisen macht hungrig – und ein Bayer ohne Brotzeit, das ist nichts Rechtes. Dazu gibt es im Bregenzerwald wunderbare Gelegenheiten, bei denen die Bauern ihre selbstgemachten Köstlichkeiten kredenzen. Der Bergkäse, der da dem jungen, angehenden Molkereimeister aufgetischt wurde, hat es ihm gleich angetan. Dieser Käse war etwas ganz anderes als die Massenware, die in den Supermärkten daheim angeboten wurde. Was macht ein Bayer mit Hausverstand in so einer Lage? Er denkt sich, was mir schmeckt, schmeckt auch meinen Freunden zu Hause, und kauft beim staunenden Vorarlberger Bergbauern gleich den ganzen riesigen Käselaib, der sorgfältig gelagert im kühlen Keller gereift war. Der Kofferraum ist damit vollgeladen. Zu Hause angekommen, beginnt er unverzüglich Stück für Stück von seiner Kostbarkeit an Freunde und Bekannte zu verkaufen. Nachdem der Käselaib aufgeteilt ist, wird die Kassa geprüft. Und siehe da, es ist wesentlich mehr zurückverdient worden als der Ausflug nach Vorarlberg gekostet hat.
Was macht nun der Bayer mit Hausverstand am nächsten Wochenende? Richtig – er kurvt erneut in die österreichische Bergwelt. Aber diesmal wird nicht nur der Kofferraum befüllt, auch am Rücksitz fährt ein mächtiger Käselaib zurück in den Allgäu.
Wenn es um wirklich gutes Essen geht, dann ist das Urteil von Gaumen und Nase am allerwich-

Holz100-Haus mit Blockwandschalung: schaut aus wie ein Blockhaus, ist aber trotzdem setzungsfrei und winddicht. Architektur: Thomas Klein

Sepp Krönauer schwört auf seine Käsequalität und auf sein Holz100-Haus.

tigsten. Die vielen Gaumen und Nasen im Bekanntenkreis Sepp Krönauers waren begeistert von diesem Käse, der aus Almkräutermilch entstanden ist. Ganz ursprünglich, so wie die Almwirtschaft seit Menschengedenken betrieben wurde. Kein Silofutter und keine Massentierhaltung trübten den Genuss, den die mächtigen Käselaibe bereiteten.

Nun erwachte das unternehmerische Talent des jungen Mannes vollends. Plötzlich tauchte er auf Jahrmärkten auf und verkaufte an seinem Käsestand Stück für Stück, Laib für Laib dieser Käsequalität, die die Menschen Bergkräuter und Almen schmecken ließ. Alles weitere ist heute bereits beeindruckende bayrische Molkereigeschichte. In einer Zeit, in der eine kleine Molkerei nach der anderen zusperrte und die Zukunft scheinbar nur aus Vereinheitlichung des Geschmacks bestand, kaufte Sepp Krönauer seine erste kleine Molkerei im Vorarlberger Sulzberg. Erste eigene Käsemarken wie der „Bergrebell" wurden kreiert. Das Prinzip des sauberen Rohstoffs – also in diesem Fall insbesondere silofreie Milch gealpter Kühe, sorgfältige und langsame Reifung und Lagerung – trug der erfolgreiche Molkereimeister bald auch in seine bayrische Heimat und gründete unweit der weltbekannten König-Ludwig-Schlösser in Neuschwanstein und Hohenschwangau seine Schönegger Käse-Alm. Die damals revolutionäre und als ein bisschen verrückt angesehene Bio-Käse-Idee Krönauers führte zu einem beispiellosen wirtschaftlichen Erfolg. Die Marke „König Ludwig Käse" ist inzwischen ein erfolgreicher Exportartikel von Bayern nach Amerika. Im malerischen Ort Steingaden kann im betriebseigenen Klosterbräustüberl der Käse in allen Variationen verkostet werden. Unweit des urig-bayrischen Wirtshauses wurde eine weitere Krönauer-Idee verwirklicht. Um trotz der inzwischen benötigten großen Käsemengen immer noch der ursprünglichen Qualität treu bleiben zu können, ist hier ein beeindruckendes Käsereifungslager entstanden.

Im optimalen Klima lagern Tausende der mächtigen Käselaibe ihrer hohen Qualität entgegen. Irgendwann kommt in jedem Menschenleben und besonders für einen umtriebigen Unternehmer wie Sepp Krönauer die Zeit, in der der Wunsch nach einem ordentlichen Dach über dem Kopf und einem eigenen Wohnhaus als Ruheoase immer stärker wird. „In meinem ganzen Leben bin ich immer erfolgreich gewesen, weil ich auf die Natur vertraut und darauf geachtet habe, dass die Natur unverfälscht und rein bleibt. Ich weiß, dass nur das zur höchsten Qualität führt!" sagte dazu Sepp und fügte noch hinzu: „Für mich kommt zum Wohnen nichts anderes als ein reines Holzhaus in Frage. Aber nur pures Holz und keine Chemie. Es muss genau so sauber sein, wie ich meinen Käse mache!"

Ein Unternehmer, der allein begonnen und einen Betrieb mit hunderten Mitarbeitern aufgebaut hat, kann nicht tagtäglich Stunden auf der Baustelle verbringen, um die Handwerker zu koordinieren. Beim Bauen ist da ein Partner gefragt, der alles abwickelt. Ein Partner, dem man sein Vertrauen schenken kann und der am besten immer schon bewiesen hat, dass nach Vollendung seiner Bauten rundum zufriedene Kunden vor dem Haus stehen.

Ein Mann vom Schlag eines Sepp Krönauer kennt Land und Leute in seiner Heimat. Seine Wahl fiel deshalb auf den Zimmer- und Baumeister Thomas Klein und seinen Sohn Stefan, Inhaber der Firma Buchner in Wildsteig. Thomas ist Sepp in einigen Dingen nicht unähnlich. Hat er doch auch den Beruf von der Pike auf gelernt und jahrelang Ziegelstein auf Ziegelstein gelegt. Heute sagt Thomas: „Das waren wichtige Lehrjahre. Aber ich bin ja nicht nur Baumeister, sondern auch Zimmermeister und der Baustoff Holz hat mich immer grenzenlos fasziniert. Nur konnten mich die ganzen leichten Holzrahmenbauten nie überzeugen. Erst als ich das System Holz100 von Thoma kennen gelernt habe, habe ich gewusst – das ist es! Hier kommt zu den Vorteilen des Massivholzbaues und noch die Geborgenheit und Natürlichkeit von Holz dazu. Wenn ich zurückblicke, staune ich selbst, wie schnell sich unser Betrieb dann verändert hat. Das Bessere löst das Gute ab – und binnen einiger Monate bauten wir nur mehr Holz100-Häuser. Ich kann dem Kunden einfach nur das empfehlen, was ich für mich selbst auch bauen würde. Nachdem ich in Goldegg war und die ersten Holz100-Häuser bei Erwin Thoma gesehen habe, konnte ich kein Ziegelhaus mehr verkaufen. Meine Maurer hatten damals Angst, dass sie durch die neuen Holz100-Häuser ihre Arbeit verlieren würden. Aber das Gegenteil war der Fall. Dadurch, dass wir unseren Kunden sofort bessere Häuser anbieten konnten, bauten wir viel mehr und unsere Maurer haben heute alle Hände voll zu tun, um all die Keller, Kamine und verbleibenden Maurerarbeiten zu erledigen. Unsere Maurer sind heute lustigerweise mindestens so stolz auf unsere Holz100-Häuser wie die Zimmerer.

Es hilft einfach nichts, die eigenen Handwerker kriegen es ja am meisten mit, ob dem Kunden da etwas Gutes gebaut wird oder ein billiger Ramsch, der nur nach außen schön aussieht. Und für den Handwerker ist das Lob der zufriedenen Kunden auf der Baustelle langfristig der schönste und wichtigste Lohn!

In meinem Leben habe ich immer das Prinzip verfolgt, nur Dinge zu tun, hinter denen ich zu hundert Prozent stehen kann!"

Ein Blick auf das Betriebsgelände des Wildsteiger Bau- und Zimmermeisters und seines Sohnes bestätigt diese Worte. Betriebsgebäude, Ausstellung, der Kundenbereich, alles wurde hier aus massivem Holz100 errichtet. Wie man an diesem Beispiel sieht, setzen neuerdings auch bayrische Baumeister auf den nachwachsenden Rohstoff Holz!

Und der Molkereimeister Sepp Krönauer? Der hat sein – wie er es nennt – „High Tech-Blockhaus" bekommen. Im ländlichen Umfeld seines Dorfes wollte Sepp die traditionelle Blockhausarchitektur verwirklichen, dies jedoch ohne die üblichen

Setzungen der Wände und Windundichtigkeiten herkömmlicher Blockwände. Der Holz100-Kern des Hauses, versehen mit einer sorgfältig gearbeiteten Blockwandschalung von der Firma Buchner waren der Weg dorthin. In einer Gegend, in der beinahe jeder jeden kennt und ein Handschlag noch gilt, ist die Zufriedenheit Sepp Krönauers wieder einmal der schönste Lohn für Thomas und seine Handwerker.

Ja, und Sepp wäre nicht Sepp, wenn das großartige Wohngefühl und die Geborgenheit in seinem Holz100-Haus nicht schon wieder zu neuen Plänen führen würde. Ein Käse-Erlebnisland, wie sein Käse ehrlich und ursprünglich aus natürlichem Material, in diesem Fall aus Holz, gebaut, das wäre ein schöner nächster Schritt. Außerdem wäre ein Bürogebäude mit so einem tollen Wohn- und Arbeitsklima auch ein schöner Lohn und Motivation für die Mitarbeiter, die sich für das Unternehmen einsetzen …

Solange solche Unternehmer auf die nachhaltige Verarbeitung der Naturstoffe vertrauen, ist wohl noch lange mit weiteren guten Überraschungen und interessanten Entwicklungen zum Wohle und zur Lebensfreude aller zu rechnen.

Holzbau der Superlative

Was ist beim Bauen eines Hauses „normal"? Eine Bauherrschaft, die namentlich nicht genannt werden will, legte uns vor Beginn aller Arbeiten einen ungewöhnlichen Anforderungskatalog vor. Dort stand etwa: „Baukultur – uns ist bewusst, dass die Qualität eines Hauses wesentlich vom Geist der Ausführenden beeinflusst wird. Wir wollen für einen ‚guten Geist' einen aktiven Beitrag leisten."

Oder: „Baubiologie und Wohngesundheit – wir möchten hier keine Lippenbekenntnisse, sondern ein Zu-Ende-Denken. Es ist wichtig, dass alle am Bau Beschäftigten im Rahmen ihrer Möglichkeiten aufgeklärt und eingebunden werden."

Oder: „Baustoff Holz – es ist zu wenig, wenn ein Bau nur dem Bauherren dient. Wir möchten mit unserem Holzhaus einen aktiven Beitrag leisten, um die noch viel zu wenig erkannten Möglichkeiten des nachwachsenden Rohstoffes weiter zu entwickeln und verbreiten."

Anfangs stellte mancher Techniker, Unternehmer, Arbeiter oder sonstiger „alter Hase" am Bau angesichts derartiger Philosophie, unausgesprochen oder ausgesprochen, die Frage: „Ist das normal?"

Tatsächlich entwickelte sich ein Bauverlauf, der in vielen Schichten eingefahrene Wege und Gewohnheiten durchbrach. Qualität vor Geschwindigkeit, Fairness und Verantwortung auf beiden Seiten vor Profit, langfristiges Denken vor kurzfristigen Effekten, das sind sehr leicht dahingesagte Schlagworte, die in der Baupraxis leider viel zu selten umgesetzt werden. Im Fall des hier präsentierten Projekts ist die Bauherrenfamilie tatsächlich vom Anfang bis zur Fertigstellung der Baustelle nicht von dieser Linie abgewichen. Wirklich interessant – zum Schluss waren es gerade die anfänglichen Stirnrunzler, die beim Richtfest beinahe wehmütig meinten: „Hier haben wir wieder erlebt, was Handwerksfreude und Handwerksehre bedeuten. Ein Bau, auf dem der Mensch mehr gilt als reiner Preiskampf. Wann dürfen wir wieder so etwas erleben?"

Staunend stehen wir schlussendlich vor dem fertiggestellten Haus in den Schweizer Bergen. Es ist tatsächlich ein Bau, der in jeder Hinsicht neue Dimensionen und Möglichkeiten aufzeigt.

Außenwände mit bis zu 60 cm (!) Massivholzstärke, welche Sommerwärme bis in die Wintermonate hinein speichern können, der weltweit erste viergeschoßige Lift in Holzbauweise, das Hallenbad mit einem Becken ganz aus Holz, ein 40 cm dickes Massivholzdach, trotz kompliziertester Dachform mit Schrägen und Verschneidungen aus einem massiven Holz100-„Guss".

Weltweite Holzbau-Innovationen und -Superlative scheinen hier gar kein Ende zu nehmen. Tatsächlich kann sich kein Techniker den Innovationen verschließen, die im einzigartigen Holz100-Viergeschoßbau Wirklichkeit geworden sind.
Trotz allem Staunen und aller Freude über diese Holzbau-Entwicklungen, an die ich mit meinen Mitarbeitern beteiligt sein durfte – beim Begehen des Neubaus

Holz100 wird so ökologisch wie nur möglich transportiert. Hier fährt ein Holz100-Haus mit der rhätischen Bahn in die Graubündner Berge hinauf.

beherrschte mich ein Gedanke: „Der Geist, in dem ein Haus gebaut wird, hat wesentlichen Einfluss auf die Qualität des Ergebnisses!"

Manchmal ist es wichtig, dass Menschen den Mut und die Fähigkeit haben, die Wege des Normalen zu verlassen. Die Bauherren dieses „High End"-Hauses aus Holz haben ein ungewöhnliches Pionierprojekt ermöglicht und eindrucksvoll gezeigt, welch faszinierende Möglichkeiten die reine Holzkonstruktion in der obersten Liga des Bauens eröffnet.

Beglückende Vollendung – ein großer Teil der Freude am Leben besteht darin, Dinge, die man unternimmt, vollendet zu tun … oder wenigstens so gut wie möglich. Nur, wenn eine Aufgabe in allen Teilen vollständig, exakt und abgerundet ist, bringt sie Befriedigung und Erfüllung – dieses Gefühl wird ein Mensch, der seine Arbeit nachlässig, gleichgültig und oberflächlich behandelt, niemals kennen lernen. Die bewusste Vollständigkeit macht aus der Arbeit Kunst. Die kleinste Kleinigkeit wird, wenn sie vollendet ist, zum Kunstwerk.

William Mathews

Ohne die Liebe ist aber alles nichts . . .

Wer die Natur liebt, erntet ohne Ende.
Wer die Musik liebt, verlängert sein Leben.
Wer geliebt wird, sieht jünger aus.
Wer Tiere liebt, ist nie allein.
Wer Kinder liebt, bleibt jung im Geist.
Wer seine Arbeit liebt, erntet ein erfülltes Leben.
Wer den Augenblick liebt, erlebt Glück.
Wer die Erde liebt, ist gesegnet.

Holzvisionen

Wirtschaften mit der Natur – am Beispiel eines Holzhauses

Was hilft ein Kleid, das wunderschön anzuschauen ist, aber die arme Frau, die es trägt, nach kurzer Zeit in Schweißausbrüche verfällt, weil es aus einem nicht atmenden Nylonstoff geschneidert wurde?
Ist Ihnen das auch schon einmal passiert? In einem Kaffeehaus entdecken sie eine Torte, die herrlich verziert, unwiderstehlich aus der Kühlvitrine lacht. Sie lassen sich verführen, bestellen ein Stück, aber o weh, der Geschmack hält überhaupt nicht, was das Äußere versprochen hat. Zucker und fette Industriemargarine, mehr kann der arme Gaumen aus dem schönen Tortenstück nicht herausschmecken.
Wer freut sich lange an einem Auto, das zwar im schönen und edlen Design und gediegener Ausstattung seine Käufer lockt, dann aber für hundert Kilometer 20 oder noch mehr Liter Treibstoff schluckt?
Oder das Billigprodukt zum halben Preis, das nach dem zweiten oder dritten Gebrauch versagt und weggeworfen wird. Am Ende war es damit um ein Vielfaches teurer als eine ordentliche Anschaffung, die für lange Zeit zuverlässig dient.
In der Mode: schön, aber unbequem; oder bei Lebensmitteln: geschmacklos, schnell vor Ort, aber Treibstoff verprassend, billig, aber ohne Qualität … die Liste moderner Konsumgüter, die zwar über einige gute Eigenschaften verfügen, aber auf der anderen Seite Mängel oder ungelöste Probleme aufwerfen, ist lang. Ebenso tief greifen die Probleme, die der Menschheit dadurch aufgeladen werden. Von Müllbergen und Mülltourismus über Energieverschwendung und Klimaveränderung, sozialen Spannungen und Ausbeutung in Billiglohnländern bis hin zur Allergie und dem persönlichen körperlichen Leiden des Einzelnen im Wohlstandsstaat. Die wichtige und große Aufgabe unserer Zeit ist es, endlich damit aufzuhören, kurzfristigen Wohlstand, Zivilisation und neue Produkte nur auf dem Rücken anderer Menschen, auf Kosten von Tieren oder der Umwelt zu schaffen.
Die Generation vor uns hat nach dem Zweiten Weltkrieg ein zerbombtes und geschundenes Europa wiederaufgebaut. Die Kindheit unserer Eltern und Großel-

tern war gezeichnet vom Mangel. Mangel an Nahrung, an Kleidung, an Konsumgütern und Freizeitartikel.

Das ist heute für die meisten Menschen der sogenannten Ersten Welt Geschichte. Aber wie anhand der obigen Beispiele erwähnt, zahlen wir dafür heute einen hohen Preis.

Wir haben uns von unseren Wurzeln entfernt, verlieren viel zu oft den Boden unter den Füßen und verlernen den Zugang zur Ursprünglichkeit und vitalen Gesundheit, die in jedem Menschen zwar verborgen, aber unauslöschbar angelegt ist.

Zu diesen Schätzen in uns selbst zurückfinden, gesund und gut zu leben aus der eigenen Seelenkraft und dem eigenem Hausverstand; Wohlstand für alle aus den Kreisläufen und Quellen der umgebenden Natur in den Regionen der Erde schaffen – das ist keine Vision, sondern die Aufgabe, die sich uns stellt.

Es braucht dazu keine übernatürlichen Anstrengungen – vielmehr ist es die Einsicht und Bereitschaft jedes einzelnen Menschen, konkrete Entscheidungen im eigenen Leben zu treffen. Sich selbst für das Wahrhaftige zu entscheiden ist der einzige Weg, der zur Veränderung führt.

Wie fröhlich und entspannt das sein kann, zeigen die Beispiele der in diesem Buch vorgestellten Menschen. Das Bauen eines Hauses ist besonders beispielhaft für das Leben und Wirken eines Menschen in seiner Umwelt. Die Art und Weise, wie ein Volk, die Menschen eines Landes, ihre Häuser bauen, war immer schon Ausdruck des Zustands der jeweiligen Gesellschaft, war ein Zeugnis für die Denkweise, das Fühlen, Handeln und auch Wirtschaften einer Region und einer Zeit.

Das Thema Massivholz-Hausbau hat in diesem Buch zwei Bedeutungen. Zuerst geht es dabei natürlich um neue Möglichkeiten und Wege, um Ideen und Anregungen für Menschen, die sich mit Bauen, Wohnen, Wald und Holz beschäftigen. Das Errichten einer reinen Holzhülle, eines Hauses für ein ganzes Leben, ist aber auch Symbol und Beispiel für neues Leben, Handeln und Wirtschaften mit der und nicht gegen die Natur. Doch damit zurück zum konkreten Beispiel: Das Bauen mit hundert Prozent Holz – Holz100 –, das bedeutet, sich ein Leben lang mit reinem Holz einzuhüllen, sich dort zurückziehen, rasten, lachen und weinen, feiern und trauern, einfach einen wesentlichen Teil seines Lebens im nachwachsenden, lebendigen Material Holz unserer Wälder zu verbringen. So ein Haus zu bauen ist auf den ersten Blick eine ungewöhnliche Entscheidung. Inniger kann ein modern lebender Mensch mit Bäumen und ihrem Holz gar nicht in Verbindung treten.

Es ist eine Entscheidung, die den Menschen zur Sinnlichkeit der Holzfaser, zur

Die Wirkung auf die Zukunft der Menschen

Wir sind es gewohnt, für bessere Qualität einen höheren Geldpreis zu bezahlen. Zusätzlich bedeutet mehr Leistung meistens auch mehr Umweltverbrauch. Das größere Pferd frisst mehr Gras. Das schnellere Auto braucht mehr Benzin. Die größere Fabrik hat größere Schlote und so weiter. Nach dieser Logik müsste ein Massivholzhaus mit der höheren technischen Qualität auch mehr von der Umwelt verbrauchen. Aber genau das Gegenteil ist der Fall. Durch den konsequenten Verzicht auf Chemikalien, insbesondere auf die übliche Verleimung sinkt der Energieverbrauch bei der Herstellung eines Hauses auf zirka ein Viertel bis ein Fünftel im Vergleich zu herkömmlichen Häusern. Die Lebens- und Nutzungsdauer ist viel länger, das bedeutet weniger Rohstoffverbrauch für Ersatzbauten. Und das ganze Haus besteht aus nachwachsendem Holz. Ein Rohstoff, der überall im Wald allein durch Sonnenenergie hergestellt wird und in Hülle und Fülle nachwächst. Außerdem, jedes Holzhaus erspart andere Materialien, die die Umwelt tatsächlich belasten. Ziegelsteine werden energieintensiv gebrannt, Kunststoffe und Chemikalien benötigen unzählige chemische Synthesen in Fabriken, mit allen ökologischen Nachteilen der Erdöl- und Chlorchemie. Produkte, die im Rohstoffkreislauf der Natur erzeugt werden, sind sauber. Sie belasten unseren Planeten nicht mehr.

Die Wirkung auf Ursprung und Ende

Der Ursprung aller Holzhäuser ist der Wald. Das verdübelte Holz100-System ist in sich elastisch. Das führt u.a. zu der guten Erdbebensicherheit. Es ermöglicht aber noch einen großen Vorteil. Beinahe alle Holzarten der Welt können für den Bau eines Holz100-Hauses verwendet werden. Fast überall auf der Welt gibt es „Problemhölzer", die im Wald zur Pflege und Verjüngung der Bestände geerntet werden müssen, aber nicht in die Produktionskonzepte der großen Industrien passen. Die meisten dieser Baumarten eignen sich bestens für die Holz100-Häuser. Innere Spannungen und verschiedene Holzbewegungen werden vom Dübelsystem abgefangen und zur gegenseitigen Verstrebung genutzt.

Schwarzkiefern und braunkernige Tannen, Aspen und Birken, Sitkafichten und verschiedene Thujaarten, Holz100 stellt für diese und viele weitere Baumarten eine neue Wertschöpfungsmöglichkeit dar. Das ist für die Artenvielfalt der Wälder wichtig. Bekanntlich pflanzen und pflegen die Forstleute vor allem die Holzarten,

die später auch gewinnbringend verkauft werden können. Das ist die Idee von Holz100: In allen Regionen der Erde aus den dort nachwachsenden Hölzern die besten Häuser zu bauen.
Und am Ende der Nutzungsdauer eines Holz100-Hauses kann der Roboter die Dübel aus den Wänden herausbohren und Brett für Brett auseinander stapeln. Das alte Haus wird so zur Rohstoffquelle für das nächste, neue Haus. Der alte Schmetterling hat seine Aufgabe erfüllt, es folgt die Raupe, Verpuppung und ein schöner, junger Falter fliegt seinen Lebenstagen entgegen …
Schlussendlich dürfen wir nicht vergessen, was es bedeutet, mit dem Bau eines Holzhauses den Geruch des Waldes, das Raunen der Bäume in das Leben seiner Bewohner einzubringen. Ein sinnlicher Wert, der schwer zu messen ist. Wer kann schon sagen, wie viel Lebensfreude und Gesundheit tatsächlich wert ist?
Wenn die Menschen aus dem Holz der umliegenden Wälder Häuser bauen, die sie und ihre Kinder bergen und gesund erhalten, werden jene diese Häuser lieben, dann werden sie auch ihren Wald lieben. Diese Liebe ist der beste Schutz für den Wald. Sie ist viel stärker als jede Naturschutzkonvention und jeder Nationalpark.
Hier schließt sich der Kreis des Holz100-Geheimnisses. Sich voller Freude unbeschwert und fröhlich den Naturkreisläufen anvertrauen tut allen gut. Die Erkenntnis, dass eine Sache allen gut tut, ist stärker als jede Armee dieser Welt.

Der Bruder des Autors ist begeisterter Hobbygärtner. Kein Wunder, dass sein Holz100-Haus ganz im Grün versinkt. Interessantes Detail: Dieses Haus wurde außen mit einer sägerauen Schalung verkleidet. Kommentar des Bauherren: „Mein Haar wird grau, warum soll mein Haus nicht auch schön grau werden dürfen?“. Architektur: Richard Thoma

Der oberbayrische Schreinermeister Reichart fertigt Massivholzmöbel vom Feinsten und für Generationen. Es war also nur konsequent, dass sich die Familie mit dem Bau ihres Wohnhauses ganz in Holz100 einhüllt. Architektur: Thomas Klein

Hildegards Nachhaltigkeit

Nach meinen Vorträgen gibt es immer Zeit für Fragen, Antworten und Gespräche mit den Zuhörern. In Niederbayern meldete sich nach einem Vortragsabend eine Dame zu Wort: „Mein Name ist Hildegard Meier. Ich habe gemeinsam mit meinem Mann ein Thoma-Holz100-Haus gebaut und muss etwas ergänzen, das Herr Thoma nicht erwähnt hat."

Damit hatte sie die Aufmerksamkeit der Menschen im Saal gewonnen und es war plötzlich ganz still. Sie fuhr fort: „Wir haben unser Haus in einem Neubaugebiet errichtet. Dort wurden zur selben Zeit eine ganze Reihe von Häusern errichtet. Der Nachbar links von uns baute einen Ständerbau. Der zweite Nachbar ein Haus aus Ziegelsteinen." Sie lachte. „Niemand beobachtet so genau wie die Nachbarn. Natürlich waren auch wir neugierig und haben beobachtet, was da neben unserem künftigen Heim entsteht. Der Ständerbau wurde als Erstes aufgerichtet. Kurze Zeit später begannen auch die Ziegelbauer. Wir haben erst einige Wochen später begonnen, sodass der Rohbau unserer Nachbarn zu dieser Zeit bereits fertig war. Rund um die beiden Bauten schaute es aus wie auf einer Müllhalde. Spanplattenreste, Folienfetzen, leere Isolierschaum-Dosen, überall Reste der Mineralwolle, Verpackungsmaterialien, steinhart gewordene Klumpen von Mörtel- und Putzresten und so weiter. Alles war bunt durcheinandergemischt. Am Ende bestellten unsere Nachbarn je einen großen LKW-Container, in dem der ganze Müll landete. Es war zwar eine ziemliche Arbeit, das alles wegzuräumen, aber immerhin waren die beiden Bauplätze wieder sauber. Irgendwie hatte ich aber kein gutes Gefühl, dass da nur wegen einem Kleingebäude so viel Müll entsteht, der nicht mehr auseinander sortiert werden kann und wohl irgendwo in der Landschaft vergraben wird. Aber ich dachte, das muss wohl so sein, und wollte vorsorglich für unseren Bau auch schon so einen Container bestellen.

Als dann die Firma Abensberger-Massivhaus (Thoma-Holz100-Partner in der Region) mit dem Bautrupp kam, erlebten wir eine Überraschung. Im Gegensatz zu unseren Nachbarn war bei uns das Holz100-Haus in zwei Tagen fertig aufgestellt. Vom erwarteten Müll keine Spur. Wie soll bei einem Haus, das aus reinem Holz besteht, auch Müll anfallen?

Die Holzstücke, die übrig geblieben sind, konnten mein Mann und ich auf einen kleinen Stapel aufschlichten. Wir freuten uns, weil wir nach zwei Tagen schon das erste Heizmaterial für die Stube einlagerten.
Der sonstige Abfall, Verpackungsmaterial, Jausenreste der Arbeiter und Ähnliches hatte in zwei kleinen ‚gelben Säcken' Platz. Statt einem großen Müllcontainer ist bei unserem Holz100-Haus nur der Abfall für zwei kleine Mülltonnen angefallen. Das ist neben allen anderen Vorteilen einfach ein gutes Gefühl. Bauen und die Natur schonen, statt sie zu belasten!"
Frau Meier hat da ein großes Thema angesprochen. Müllvermeidung wird immer wichtiger. Es stimmt einfach nicht, dass für einen hohen Lebensstandard unverhältnismäßig viel Müll und hoher Verbrauch natürlicher Ressourcen in Kauf genommen werden muss. Müllvermeidung ist für das leim- und chemiefreie Holz100-Haus selbstverständlich. Das Holz100-Konzept geht aber noch viel weiter. Hoher Lebensstandard, Gesundheit und ein gutes Leben sind machbar, ohne dabei die Natur zu missbrauchen, Müllberge zu produzieren, ohne Luft und Wasser zu vergiften.
Es ist an der Zeit, dieses wichtige Thema nicht nur in der Theorie darzustellen, sondern endlich in der Praxis Produkte zu entwickeln und Produktionsbetriebe zu bauen, die mit einem Bruchteil an Energie- und Rohmaterialverbrauch den Menschen ein Vielfaches an Nutzen bringen. Es ist an der Zeit, dass Rohstoffe nicht nur für einen, sondern für mehrere Nutzungszyklen dienen und am Ende der Natur wieder schadlos zurückgegeben werden können.
Diese Produkte müssen mehr Gesundheit, Sicherheit und Geborgenheit bieten, sollen nachhaltig sein und naturnah produziert, benutzt und wiederverwertet werden.
Kein Müll, kein Abfall, der Rohstoff bleibt im Naturkreislauf – das Beispiel Holz100 zeigt, wie das aussehen kann.

Leimfreiheit

Die Leimproduktion ist viel energieintensiver als die gesamte Holzproduktion. Leimfreiheit bedeutet nicht nur Giftfreiheit, sondern auch Energieverbrauchsreduktion bei der Produktion auf 20 bis 30 Prozent des Wertes bei verleimten Produkten, bei Stahlbetonbau, bei energieintensiver Ziegelbrennerei und bei ähnlichen herkömmlichen Systemen.

Müllfreiheit und Abfallreduktion

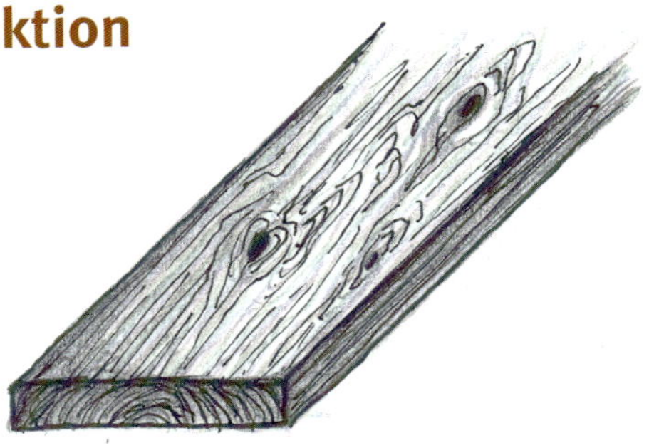

Vierkantig scharfes Brett

IM SÄGEWERK:
Zuerst wird vom Baum mehr verwendet. In der Holzindustrie ist es üblich, Bretter vierkantig „scharf" zu schneiden.

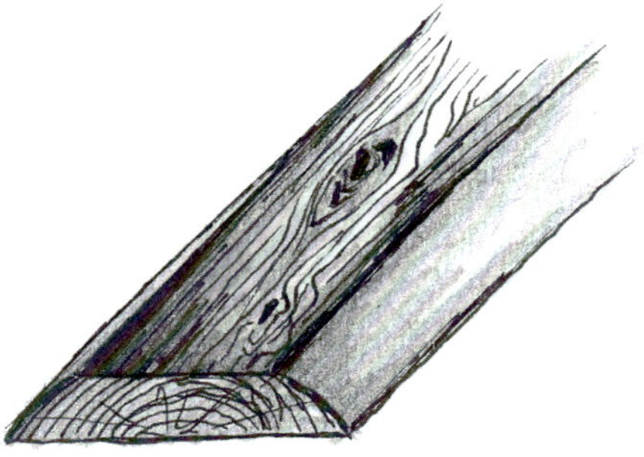

Waldkantiges Brett

Holz100-Innenlagen können auch über zwei Waldkanten verfügen, das erhöht die Nutzung des Baumes um bis zu 10 Prozent.

Bessere Ausnutzung des Baumes bedeutet mehr Holz100-Häuser aus weniger Bäumen und damit günstigere Kosten für die Familie, die ein gesundes Haus baut.

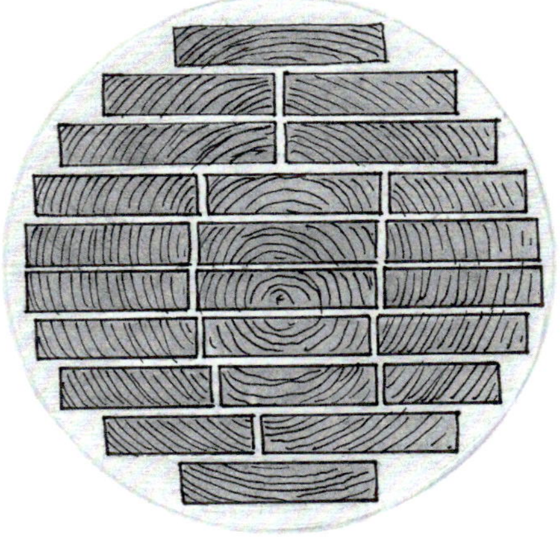

Verlust bei scharfkantiger Produktion

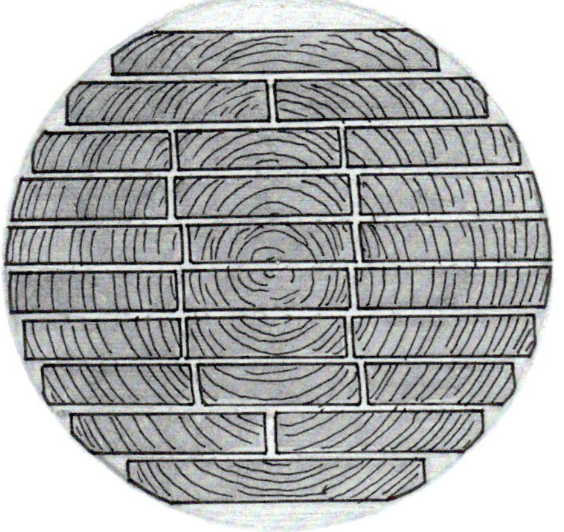

Weniger Verlust bei „sägegestreifter" Produktion

In der Holz100-Produktion: Würden wir die einzelnen Lagen des Holz100-Elements verleimen, so müssten diese vorher gehobelt werden. Bei gehobelter Oberfläche verbraucht ein Kubikmeter Leimholz ca. 10 Kilogramm energieintensiven, teuren und giftigen Leim. Eine ungehobelte Oberfläche würde noch mehr Leim verbrauchen. Holz100 ist aber leimfrei und wird durch Holzdübel verbunden. Das erspart im Inneren das Hobeln. Wieder können aus weniger Bäumen mehr Häuser entstehen.

Die Restholzstücke, Späne und Rinde, die bei der Produktion vom runden Stamm zum fertigen Holz100-Haus dennoch anfallen, werden neuerdings nicht mehr als Anfallprodukte oder gar als Abfall bezeichnet. Im Gegenteil! Am Standort der Thoma-Holz100-Produktion wurde bereits 2004 eines der ersten und modernsten Ökostromkraftwerke Österreichs in Betrieb genommen. Mit modernsten Elektronikfiltern ausgerüstet und mit präziser, elektronischer Steuerung wird hier das Restholz verbrannt bzw. vergast und aus dem kostbaren Material Wärme und Strom gewonnen. Die erzeugte Wärme betreibt den gesamten Thoma-Betrieb mit ca. 35.000 Quadratmetern Hallenfläche, Mitarbeiterwohnungen, Büros und Holztrockenanlagen sowie das örtliche Fernwärmenetz.

Die gleichzeitig erzeugte Strommenge ist mehr als dreimal (!) so hoch wie der gesamte Stromverbrauch des Unternehmens, vom Sägewerk bis zur Holz100-Produktion der fertigen Massivholzhausteile. Nicht umsonst wurde das Unternehmen zum umweltfreundlichsten Industrieunternehmen Österreichs gewählt.

Die Thoma-Holz100-Werke widerlegen einen nahezu „einbetonierten" Irrglauben: Industrielle Produktion muss nicht unabwendbar zu Umweltbelastung führen. Im Gegenteil, wenn wir gerade in der Wirtschaft und Industrie die nachhaltigen Stoff- und Energiekreisläufe der Natur begreifen und als Unternehmer verantwortungsvoll in unsere Produktionen einbauen, dann geht es allen besser.

Thoma erzeugt aus dem nachwachsenden Holz nicht nur gesündere und richtungsweisende „High Tech"-Häuser. Gleichzeitig wird aus dem Restholz auch noch drei Mal so viel Strom und Wärme „herausgeerntet", wie der gesamte Betrieb für die Produktion benötigt. Es liegt also eine Produktion mit positiver Energiebilanz vor. Die Holz100-Produktion benötigt zu ihrem Betrieb keine Kohle-, Atom- oder sonstige Kraftwerke. Im Gegenteil, diese Produktion liefert aus nachwachsendem Rohstoff Öko-Strom und Wärmeüberschuss, der dazu beiträgt, belastende Energieformen zu ersetzen.

Wann wird dieses Denken und Handeln endlich in Wirtschaft und Industrie als normal angesehen? Jedenfalls könnte die Menschheit auf einfachem Weg viele

Probleme lösen. Niemand kann heute noch sagen, wir würden nicht über die notwendigen Technologien verfügen, um Probleme wie den Klimawandel erfolgreich anzupacken.

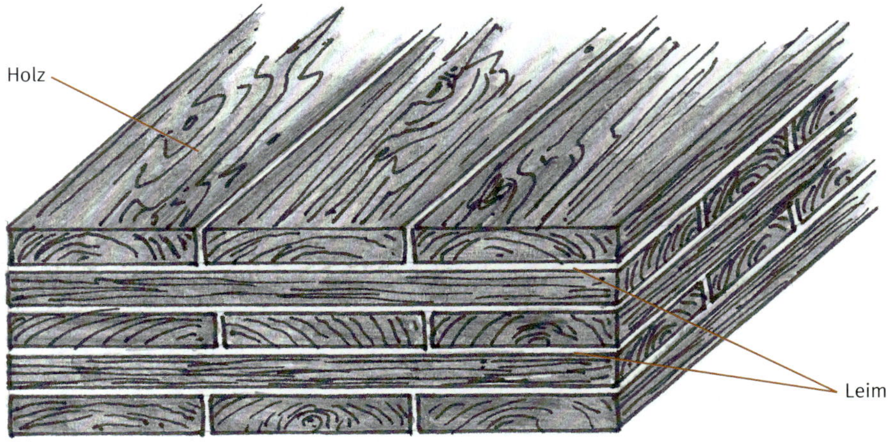

Leim zwischen den Schichten – verleimtes Holzelement (ca. 8–10 kg Leim pro Kubikmeter im fertig verleimten Element. Der Leimabfall bei der Produktion kommt noch dazu. Ebenso die Problematik von Leimabrieb und Ausgasung.)

Hauchdünne stehende Luftschichten sorgen für beinahe doppelte Wärmedämmung im Vergleich zu verleimten Holz.

Leimfreies Holz100. Holzdübel ersetzen den giftigen Leim – und erhalten die natürliche Atmungsfähigkeit.

Auf der Baustelle: Wie Elisabeth Meier berichtete, werden Baustellen durch die reine Holz100-Bauweise praktisch zur müllfreien Zone! Wohlgemerkt: Der Verzicht auf chemische Hilfsstoffe bringt dabei auch technische und baubiologische Vorteile. Wer auf die Natur setzt, der lebt letztlich besser.

Transporte: Die Thoma-Holz100-Entwicklungsstrategie heißt: In den jeweiligen Regionen Holz100 zu produzieren und zwar mit Holz aus der Region für Bauten in der Region. So werden unnötige Transporte vermieden. Die Wertschöpfung aus der Errichtung bleibt bei den Menschen der jeweiligen Region. Transporte in weiter entfernte Regionen gibt es lediglich, um die Technologie vor Ort zu bringen, Musterhäuser zu bauen und die neuen Möglichkeiten des Holzbaues vorzustellen.

Nachwachsender Rohstoff

Ganze Häuser aus massivem Holz? Wachsen überhaupt so viele Bäume? In den letzten Jahren ist viel für den Schutz unserer Wälder geschehen. NGOs wie WWF und Greenpeace haben gemeinsam mit kooperativen Teilen der Forst- und Holzwirtschaften nachhaltig bewirtschaftete Wälder zertifiziert. Die Siegel FSC und PEFC wurden geschaffen. Selbstverständlich kommt die Rohware für Holz100 nur aus nachwachsenden, zertifizierten Wäldern der Region. Darüber hinaus einige Fakten:
Auf durchschnittlichen mitteleuropäischen Waldböden wachsen pro Jahr und Hektar sieben bis zehn Kubikmeter Holzmasse nach. Auf den guten küstennahen Böden Nordamerikas, Japans oder Südamerikas wachsen pro Jahr 20 bis 40 Kubikmeter Holz pro Hektar. Eine Holz100-Produktionslinie erzeugt in Europa ca. 120 durchschnittliche Wohnhäuser pro Jahr. In Amerika sind die Häuser im Schnitt größer, dort sind es ca. 70 Häuser pro Jahr. Würde man den Wald kaufen wollen, der eine solche Holz100-Produktionslinie ganzjährig, nachhaltig mit nachwachsendem Holz versorgt, so müsste dieser auf mittleren Böden ca. 1000 Hektar groß sein, auf den guten Böden würden bereits 500 Hektar genügen. Lediglich 500 bis 1000 Hektar Wald genügen, um mit dem dort nachwachsenden Holz eine einzige Holz100-Produktionslinie laufend zu versorgen. Wohl gemerkt, bei dieser Fläche bleibt der Baumbestand und die im Wald stehende Holzmenge immer gleich. Es werden nur so viele Bäume geerntet, wie an laufendem Zuwachs

wieder hinzukommt. Der Förster muss lediglich für die nachwachsenden Jungbäume sorgen (natürliche Ansamung fördern, den Wildbestand kontrollieren etc.). Die Produktion des nachwachsenden Holzes erledigt die Natur mit Sonnenenergie, Regen und der Wuchskraft des Bodens. (500 Hektar sind eine Fläche von ein mal fünf Kilometern.)
In Deutschland werden pro Jahr cirka 140.000 Wohnhäuser gebaut (inklusive Zwei- und Mehrfamilienhäuser). Würden alle diese Häuser ausnahmslos aus nachwachsendem, unverleimtem Holz100 auf energiesparende Weise errichtet, so wäre dafür ein jährlicher Holzzuwachs von nur 1,75 Mio. Hektar erforderlich. Das ist aber nur ein Sechstel des deutschen Waldes! Die gesamte deutsche Waldfläche beträgt immerhin 11,1 Mio. Hektar. Diese Zahlen gelten in ähnlicher Größenordnung für ganz Mittel-, Nord- und Osteuropa, für Nordamerika und Japan.

Der jährliche Holzzuwachs von einem Sechstel der deutschen Waldfläche genügt, um alle deutschen Neubauten ausschließlich mit Holz zu errichten!

Die Fabrik Wald liefert gesunde Häuser und nebenbei gesunde Luft, klares Wasser und bietet Schutz vor Naturgewalten. Dabei ist mit dem Bau eines Holz100-Hauses das verwendete Holz noch lange nicht „verbraucht." Aus demselben Holz kann bei Verwertung des Hauses noch einmal ein weiteres Holz100-Haus gebaut werden. Und nach einem oder zwei Nutzungszyklen als Haus kann das Holz immer noch stofflich verwertet werden. In 100 Kubikmetern Holz schlummert eine beachtliche Energiemenge. Eingelagerte Sonnenenergie, die der Mensch wieder nutzen kann.
Aus einem Holz100-Haus mit ca. 100 Kubikmetern Holz können nach derzeitiger moderner Technik der Holzvergasung ca. folgende Mengen Energie gewonnen werden:

ca. 11.000 Liter Bioethanol = Öko-Treibstoff als Ersatz für Benzin und Diesel
+ ca. 25.000 Kilowattstunden grüner Strom
+ ca. 125.000 Kilowattstunden Wärme

Öko-Benzin, Bioethanol sowie Strom und Wärme fallen gleichzeitig an. Dieses Verfahren wurde als Erstes großflächig in Schweden angewendet und ist heute Stand der Technik. Würde man also etwa in Deutschland jedes Jahr 140.000 Häuser aus Holz100 bauen, so können wir damit das Zukunftsproblem Sondermüll von unseren Kindern und Enkelkindern fernhalten. Zusätzlich würde statt Bauschutt und Sondermüll der kostbare Rohstoff Holz für unsere Nachkommen angespart und in der Bausubstanz eingelagert. Wenn dann, vielleicht in 50 Jahren, eines Tages gleich viele Häuser pro Jahr entsorgt wie neu gebaut werden, so könnten allein aus dem theoretisch anfallenden Holz aus 140.000 Häusern folgende Energiemengen pro Jahr gewonnen werden:

ca. 1,5 Milliarden Liter CO_2-neutraler Treibstoff Bioethanol

Bioethanol ist etwas höherwertiger als herkömmliches Benzin (höhere Leistung bei gleichem Verbrauch). Wenn man annimmt, dass in 50 Jahren ein durchschnittliches Auto 15.000 Kilometer pro Jahr fährt und fünf Liter auf 100 Kilometer verbraucht, reicht diese Menge für zwei Millionen Autos. Sollte bis dahin das 3-Liter-Auto durchschnittlicher Stand der Technik sein, so könnten allein mit der Rohstoffquelle des laufenden Abbruchmaterials der Holzhäuser 3,3 Millionen Autos fahren.

+ ca. 3,5 Milliarden Kilowattstunden Öko-Strom, CO_2-neutral

Wenn man annimmt, dass ein durchschnittlicher Haushalt ca. 5000 Kilowattstunden pro Jahr verbraucht, versorgt diese Holzmenge gleichzeitig zu den 1,2 bis 2 Millionen Autos auch 700.000 Haushalte mit Strom.

+ ca. 17,5 Milliarden Kilowattstunden CO_2-neutrale Fernwärme

Das würde reichen, um ca. 1,4 Millionen Häuser zu heizen, die nach heutigem Stand konventionell gebaut und schlecht gedämmt sind, oder um ca. 7 Millionen Niedrigenergiehäuser ganzjährig mit Wärme zu versorgen.

Die Formel lautet

2 Tonnen Holz ergeben
ca. 500 Liter Biosprit (Ethanol)
+ ca. 1200 Kilowattstunden elektrischen Strom
+ ca. 6000 Kilowattstunden Wärme

Bei diesen Zahlen ist noch nicht berücksichtigt, dass es in den nächsten Jahren und Jahrzehnten mit größter Wahrscheinlichkeit weitere Entwicklungen gibt, die die energetische Nutzung von Restholz noch effizienter werden lassen und Wirkungsgrade und Verbrauchswerte weiter verbessern.
Wer ein Haus aus reinem Holz bauen will, legt Werte für die Zukunft an. Er lebt umgeben vom wohltuenden Rohstoff aus dem Wald und er erlebt höchste Geborgenheit und sichert nebenbei die Zukunft.
Mit nur ca. 20 Prozent Energieverbrauch im Vergleich zu konventioneller Bauweise bauen, gleichzeitig keinen Müll verursachen, keine Chemie einsetzen, keinen Ressourcenverbrauch auslösen, höheren Wohnkomfort erzielen, Lebensstandard erhöhen, Gesundheit und Geborgenheit als täglichen Begleiter gewinnen – das ist Holz100.
Dieses Beispiel zeigt, welche Geschenke uns die Natur mit dem nachwachsenden Rohstoff Holz macht. Im Wald liegt eine der weitreichendsten Lösungen für ein gutes Leben im 21. Jahrhundert.
Es ist wichtig zu wissen, dass der wachsende Holzzuwachs auf ca. einem Sechstel der Waldfläche genügt, um die Vision Holz100, die Errichtung aller Häuser in Massivholz, umzusetzen. Wir brauchen dazu keine geschützten oder schützenswerten Urwälder antasten. Im Gegenteil, gerade die sinnvolle nachhaltige Nutzung der bestehenden Wirtschaftswälder, die Energieeinsparung und der Klimaschutz durch den ökologischen Massivholzbau helfen, die wunderbaren Ökosysteme dieser Erde zu erhalten.

Kyoto – und Bäume umschneiden

Trotzdem empfinden viele Menschen das Fällen eines Baumes als Eingriff in die Natur. Ich werde immer wieder gefragt, ob es nicht besser wäre, Bäume unter Schutz zu stellen und einfach wachsen zu lassen, bis sie vom Sturm umgerissen werden.
Was passiert, wenn wir das Holz unserer Wälder nicht ernten? Als Erstes bräuchten wir Ersatzmaterialien in großer Menge: Ziegelstein, Beton, Stahl und Aluminium, Kunststoffe und Chemikalien aller Art.
Diese Materialien benötigen zu ihrer Produktion doppelt bis fünfmal (für Ziegelstein und Beton), 20 bis 50 Mal (für Kunststoffe) und 126 Mal (!) so viel Energie (für Aluminium). Bauen ist die größte vom Menschen verursachte Materialbewe-

gung auf dieser Erde. Hier wirkt sich jede Veränderung des Energieverbrauches besonders stark für das Ökosystem der Welt aus. Zur Veranschaulichung: Die deutsche Bauwirtschaft verursacht derzeit ca. 60 Prozent (!) des gesamten Müll- und Abfallaufkommens.

Holz in nachhaltig bewirtschafteten Wäldern ernten und mit Holz bauen ist deshalb eine der wirkungsvollsten Energiesparmaßnahmen, die uns zur Verfügung stehen. Mit nachwachsendem Holz an Stelle ökologisch belastender Materialien zu bauen ist eine der effizientesten Formen des Umweltschutzes.

Im Kyoto-Protokoll und in den folgenden Klimakonferenzen hat sich die Staatengemeinschaft darauf geeinigt, dass es zum Schutz unserer Atmosphäre unumgänglich ist, den CO_2-Ausstoß unserer Zivilisation zu reduzieren. Holzernte und Holzeinsatz tun genau das durch den geringen Energieverbrauch.

Noch viel wirkungsvoller ist das Holz aber durch die Einlagerung von CO_2 beim Wachstum der Bäume. Holz ist der wirkungsvollste CO_2-Speicher der Erde. Ein Kubikmeter Holz speichert ca. eine Tonne CO_2. Beim Baumwachstum, der Fotosynthese, wird aus der Luft CO_2 entnommen und in die Bestandteile C = Kohlenstoff und O_2 = Sauerstoff aufgespalten. Der Sauerstoff wird wieder an die Luft als „Waldluft" zum Atmen für Mensch und Tier freigesetzt. Der Kohlenstoff wird in das Holz eingelagert. Wenn wir die Bäume im Wald nicht ernten und stattdessen verfaulen lassen, entweicht das im Holz gespeicherte CO_2 wieder in die Atmosphäre und belastet unsere Umwelt. Wenn wir denselben Baum ernten und daraus ein Haus bauen, so bleibt das CO_2 der Holzmasse des Hauses chemisch umgewandelt als Kohlenstoff eingelagert (neben der Sonnenergie, die im Holz gespeichert ist).

Holzbau ist einer der wenigen Prozesse menschlicher Wirtschaft, der die CO_2-Belastung der Atmosphäre rückgängig macht. Holzbau baut bedeutende ökologische Energiereserven für nachfolgende Generationen auf und lagert CO_2 aus der Atmosphäre ein.

Unsere Wälder verantwortlich und nachhaltig bewirtschaften, das Holz ernten und an Stelle belastender Materialien daraus unsere Häuser bauen, das ist der wirkungsvollste Umwelt- und Klimaschutz, den es gibt. In Deutschland übertrifft der Holzzuwachs seit 1987 die tatsächliche Nutzung um durchschnittlich 39 Prozent. Diese Mehrmenge an Holzzuwachs soll nicht im Wald verfaulen. Allein aus dem nicht genutzten Holz könnten in Deutschland wesentlich mehr als alle tatsächlich gebauten Wohnhäuser errichtet werden. Im deutschen Wald wächst Jahr für Jahr um ca. 20 Millionen Kubikmeter mehr Holz als genutzt wird. Um alle 140.000

Der Bauherr freut sich über sein Vollholzhaus, das weniger als halb so viel Energie benötigt wie erwartet. Architekt: Peter Gemeinhardt

Freie Energie

Es vergeht kaum ein Tag, an dem in der öffentlichen Diskussion, in Zeitschriften oder Fernsehberichten, nicht das Thema Energieknappheit angesprochen wird. Neuerdings gesellt sich eine zweite drohende Mangelerscheinung für unsere Zivilisation dazu: die Rohstoffknappheit. Die Milliardenvölker China und Indien sind erwacht. Plötzlich wollen alle diese Menschen auch ein Leben im Wohlstand nach westlichem Vorbild erreichen. Zeitgleich steigt der Energieverbrauch der „alten" Industrieländer in Europa und USA unaufhörlich. Kein Wunder, dass Rohstoffe und die alles beherrschende Energiequelle Erdöl knapp wird.

So wird es uns zumindest erzählt. Mit schlechtem Gewissen schauen wir auf unsere tatsächlich rohstoff- und erdölverprassende Wegwerfgesellschaft und zahlen einen immer höheren Tribut an jene, die die Quellen der knappen Energie kontrollieren. An den Schalthebeln der Ölquellen häufen einige wenige Menschen unvorstellbare Geldmengen und Reichtümer an und die Schalthebel der Erdöl- und Erdgasquellen erweisen sich immer mehr als wirkungsvolle Mittel, um nahezu unbegrenzte Macht auszuüben. Es ist also wenig überraschend, wenn es starke Interessen gibt, das öffentliche Leben und tagtägliche Produkte weiterhin und noch mehr vom Erdöl abhängig zu machen. Kein Wunder, dass alles daran gesetzt wird, die Energieversorgung und somit die Abhängigkeit möglichst vieler Bürger von global agierenden Energiekonzernen aufrecht zu erhalten. Konzerne sind mit ihren Milliardengewinnen längst viel mächtiger und einflussreicher geworden, als es kleine Nationalstaaten mit Regierung, Parlament und bescheidenem Staatshaushalt sein können. Noch größer, noch mächtiger, noch mehr abhängige Kunden und Geschäftspartner, das ist meistens die gelebte Wirtschaftspolitik. Wenn nur genug Milliarden Dollar oder Euro auf dem Spiel stehen, dann spielen auch ölverseuchte Meeresküsten, atomverstrahlte Landstriche oder eben Kriege mit tausenden Toten und zusammengebombten Städten und Dörfern keine Rolle. Der sprichwörtliche Krieg um das Öl ist bereits traurige Wirklichkeit geworden.

Im Mittelalter mussten die Bauern an ihre Fronherren Abgaben wie den Zehent, den zehnten Teil, bezahlen. Außerdem mussten die kleinen Leute für ihre weltlichen oder kirchlichen Fürsten unbezahlte Fronarbeit leisten. Dieses System ging viele Jahre gut. Als allerdings der Tag gekommen ist, an dem sich die meisten Menschen einig waren, dass dieses System ungerecht ist, war die Zeit der Unterdrückung vorbei. Gegen die Einsicht und den gemeinsamen Veränderungswillen der Masse war auch der mächtigste Herrscher hilflos. Plötzlich wurde allen klar: Es geht auch anders.

Heute zahlen wir alle einen modernen Zehent an die Fürsten der Erdölquellen und Energiekonzerne. Manchmal murren wir zwar ein bisschen, aber am Ende liefern wir brav unser Geld für die Heizkostenrechnung, an der Tankstelle und verborgen in vielen Produkten, die wir kaufen, ab.

Damit wir weiterhin so brav bezahlen und nicht wie die Bauern im Mittelalter zu rebellieren beginnen, wird uns tagtäglich, wieder und immer wieder, ein Märchen eingebläut: die Geschichte von der Energieknappheit.

Alle Menschen sollen Angst davor haben, dass es zu wenig Energie gibt, dann bezahlen sie weiter brav für Erdöl und Atom. Zwischendurch, wenn gerade ein Sturm eine Bohrinsel wegbläst oder irgendwo ein neuer politischer Unruheherd aufbricht, wird dann Energiekrise gespielt. Mit der Angst der kleinen Leute, ohne Heizmaterial die eigenen Kinder in der Wohnung frieren zu sehen oder auf das geliebte Auto verzichten zu müssen, werden dann die Energiepreise weiter in schwindelnde Höhen getrieben. Nationalregierungen gehen vor den Energiekonzernen in die Knie und das Volk bezahlt die Rechnung für die nächste globale Machtkonzentration der ohnedies schon Mächtigsten.

Dieses Spiel würde wohl noch lange so weitergehen, wenn es nicht einen fatalen Nachteil hätte: Die zentral kontrollierbaren fossilen Energiequellen Öl, Erdgas und Kohle zerstören durch ihre massenhafte Verbrennung unsere Umwelt. Die Verbrennung von Erdölprodukten in Autos, Heizkesseln und Kraftwerken gefährdet die Gesundheit der Menschen und ist eine wesentliche Ursache für den Klimawandel. Hochwasserkatastrophen, Hurrikans, die ganze Städte zerstören, Hitzeperioden, Gletscherabschmelzungen sind ein viel zu hoher und vor allem völlig unnötiger Preis, den wir für unsere einseitige Energieversorgung bezahlen.

Allein der Hurrikan „Katrina“, dessen zerstörerische Stärke die Klimaforscher auf die Erderwärmung zurückführen, hat Schäden von ca. 100 Milliarden Euro verursacht. In den Alpen schmelzen die Gletscher, in Sibirien tauen Permafrostböden auf, der Golfstrom hat sich in den letzten 50 Jahren um ca. 30 Prozent abgeschwächt und allein in Europa sterben jährlich ca. 300.000 Menschen frühzeitig, weil sie dem Feinstaub des Straßenverkehrs und der Ozonbelastung des Straßenverkehrs ausgesetzt sind. All das ertragen die Menschen mit unglaublicher Ruhe und bangen daneben noch vor den Folgen der Energieknappheit.

Energieknappheit, Energiekrise – es stimmt doch, dass Erdöl ein immer knapper werdendes Gut ist? Natürlich stimmt das, aber von der Erdölknappheit auf die angebliche Energiekrise zu schließen, ist ein folgenschwerer Fehler. Das wahre Problem, das wir haben, liegt darin, dass wir zum allergrößten Teil auf fossile, umweltschädigende Energien oder auf riskanten Atomstrom setzen. Alle anderen, üppig fließenden und nachwachsenden Energien wurden bisher sträflich vernachlässigt.

Wir leiden nicht an Energieknappheit oder gar an einer Energiekrise. Wir leiden an einer Vernunftkrise! Wir leiden einzig daran, über die wahren Energieangebote der Natur nicht Bescheid zu wissen.

Auf dieser Welt an eine Energieknappheit zu glauben, bedeutet, in einem See von klarem Wasser zu schwimmen und gleichzeitig vom Verdursten überzeugt zu sein. Wir Menschen leben in einer Welt voller Überfluss an Energie – nur wir sehen vor lauter Ölabhängigkeit und sinnloser Verschwendung die anderen Möglichkeiten nicht mehr.

Beim Schreiben dieser Zeilen sitze ich im Wald und der Wind rauscht durch die Baumwipfel. Am Gegenhang sehe ich den Schlag, an dem mich im letzten Sommer ein Gewitter mit Blitz und Donner überraschte. Der Bach zu meinen Füßen plätschert jetzt ruhig von Stein zu Stein, vereinigt sich mit dem nächsten Wässerchen und strebt der Enns zu. Dem Fluss, der sich hier in der Obersteiermark durch das waldreiche Tal windet, Richtung Donau und dem Meer zustrebt.

Das Wasser, das hier zwischen den Steinen sprudelt, wird irgendwann im großen Meer angekommen sein, von warmen Sonnenstrahlen verdunstet werden und wieder als Wolken gegen Berge geblasen werden. Regentropfen werden aus diesen Wolken fallen, das Bächlein erneut nähren, die Bäume wachsen lassen.

Die unzähligen Baumstämme sind Speicher purer Sonnenenergie. Überall, wohin der Blick fällt, organisiert die Natur Kraftwerke, Energiespeicher und ewige Stoffströme. Es scheint und fließt und rauscht, wächst und braust, schwingt und spannt, pulsiert und atmet. Nachwachsende, immerwährende Energieströme, wohin das Auge schaut! Aber nicht nur hier in den Alpen ist nutzbare Energie allgegenwärtig. Die Sonneneinstrahlung auf einen einzigen Quadratkilometer in der Wüste Sahara entspricht in etwa der Energiemenge, die zur gleichen Zeit ein mittelgroßes Atomkraftwerk produzieren kann. Wer die Sonnenenergie auffängt, die auf nur einem Quadratkilometer Wüstenboden tagtäglich eingestrahlt wird, könnte sich all den Ärger, das Risiko und die Umweltbelastung eines Atomkraftwerkes ersparen!

Den statistisch höchsten Pro-Kopf-Energieverbrauch haben die Menschen in den USA. Wenn alle Menschen auf dieser Welt so viel Energie verbrauchen würden wie die US-Staatsbürger, so wäre das noch immer viel, viel weniger, als allein die Sonne täglich in die Wüste Sahara einstrahlt. Die Sonne strahlt täglich eine ungleich höhere Energiemenge auf die Erde als alle Menschen verbrauchen können.

Trotzdem bauen wir unbeirrt Atomkraftwerke, verbrennen Erdöl, um die Häuser zu wärmen und noch kurioser, um im Sommer die Häuser zu kühlen (Klimaanlagen sind ja besonders hungrige Energiefresser). Noch einmal: Wir verbrennen Öl, um die Häuser zu kühlen, obwohl diese Kühlung genauso durch die gerade heiß scheinende Sonne über entsprechende Solarzellen durchgeführt werden könnte

Wir leben im Energieschlaraffenland und erzählen von Energiekrisen. Was wir lernen müssen, ist, nicht mehr auf die Verbrennung fossiler Brennstoffe und Kernspaltung zu setzen, sondern die neuen Wege zu den natürlichen, nachhaltigen und unschädlichen Energieströmen zu beschreiten.

Die Vielfalt der Natur ist dabei das beste Vorbild. Der alte Fehler „Öl allein" soll nicht wiederholt werden. Die Nutzung der Wasserkraft für sich allein ist genauso wenig ein Patentrezept, wie Windkraft oder Holzvergasung es allein sein können. In Summe ist jedoch an jedem Ort zu jeder Zeit genug freie Energie aus der Natur dezentral und ökologisch ohne „Fronzahlung" zu haben. Dabei müssen nicht alle Flüsse in Gigantomanie zu Tode verbaut oder jeder Hügel mit einem Windrad versehen werden.

Jede Pflanze, insbesondere aber die mächtigen Bäume der Wälder sind kostbare CO_2-neutrale Energieträger und Speicherkraftwerke. Wer einen Baum pflanzt, gründet ein umweltfreundliches Speicherkraftwerk. Wer einen Baum erntet, nutzt dieses ökologisch.

Wieso bezahlt die EU Milliarden an Flächenstilllegungsprämien an die Landwirtschaft? Hier werden Unsummen aufgewendet, damit die Bauern altes Kulturland aufgeben. Ca. zehn Prozent der europäischen Ackerflächen werden mit sündteurem Steuergeld aus der nachhaltigen Produktion genommen. Dies ist angeblich erforderlich, um Getreide- oder irgendwelche anderen Preise zu stützen. Land, das von unseren Urahnen mühsam gerodet und kultiviert und generationenlang gepflegt und bewahrt wurde. Das Erbe der alten Bauern wird mit öffentlichen Geldern vernichtet. Keine Frage, es ist richtig, Überschussproduktionen zu ver-

ringern. Aber auf diesen Flächen könnten Ölfrüchte für Biotreibstoff oder Energieholz für Wärme, Biostrom und Bioethanol als Treibstoff wachsen. Förderprämien sollen in die sinnvolle Arbeit unserer Bauern fließen, nicht für das Nichtstun und für die Stilllegung und Zerstörung von ererbtem Kulturland. Noch viel mehr Bäume pflanzen und ernten, das ist die friedliche Energierevolution. Jeder kann seinen eigenen Baum pflanzen, ohne Abhängigkeit von Ölscheichs und mächtigen Konzernen. In der Freizeit einen Stoß Brennholz im Wald herrichten. Das ist doch mindestens so erbauend wie so manche Stunde im Fitness-Salon.
Eine weitere riesige Energiequelle ist das Einsparpotential: Warum bleibt in öffentlichen Bauausschreibungen immer noch unberücksichtigt, wenn Stahlbeton, Ziegelstein, chemische Baustoffe und verleimte Platten zu ihrer Produktion vier, fünf, zehn und zwanzig Mal so viel Energie verbrauchen wie unverleimte Holzbausysteme? Warum ist das Material Holz, das vor der Haustüre natürlich nachwächst, nicht schon längst der Baustoff Nummer eins?
Warum ist es beim Bauen immer noch gleichgültig, Materialien zu verarbeiten, die später teuer als Sondermüll entsorgt werden müssen? Unverleimtes Massivholz als Bausystem ist später ein wertvoller ökologischer Rohstoff zur Wiederverwertung oder für CO_2-neutrale Wärme-, Strom- und Treibstofferzeugung aus der eingelagerten Sonnenenergie.
Warum bleibt in den mitteleuropäischen Wäldern immer noch mehr als ein Drittel des nachwachsenden Holzes ungenutzt liegen? Stattdessen produzieren wir energieintensive Ersatzstoffe und verbrennen Kohle und Öl.
In vielen warmen Ländern der Erde ist der Energiebedarf für Gebäudekühlung größer als der Heizenergiebedarf. Immer, wenn es in den Häusern heiß wird, scheint die Sonne. Es gibt ausgereifte Technologien, diese Kühlung mit Solarenergie durchzuführen. Wann wird das endlich im großen Stil umgesetzt? (Im Massivholzhaus ist auch der Bedarf der „Kühlspitze“ geringer und somit funktionieren hier auch kleinere solarbetriebene Klimaanlagen.)
Ein Haus aus massivem, unverleimtem Holz zu bauen, bedeutet im Vergleich zu herkömmlichen „alten“ Technologien:
Den Produktionsenergieverbrauch für den Bau auf einen Bruchteil zu reduzieren.
Durch die im Vergleich längste Auskühldauer der Wände die Spitzen des Heiz- und Kühlbedarfes und somit den Jahresenergiebedarf bei gleichem Dämmstandard drastisch herabzusetzen.
Durch die Holzoberfläche das subjektive Wärmeempfinden zu steigern und somit die erforderliche Raumtemperatur im Winter zu senken.

Regionale, nachwachsende Rohstoffe zu verwenden, anstatt energieintensive Materialien von weit her zu transportieren.
Unabhängigkeit, Wertschöpfung aus dem eigenen Wald an Stelle der Abhängigkeit von Öl-, Gas- und Stromimporte.
Dabei persönlich gesünder, sicherer und geborgener zu leben.
Wieso werden bei öffentlichen Bauten wie Schulen, Kindergärten, Altersheimen oder Büros, in denen Menschen ihr halbes Leben verbringen, immer noch Baustoffe genommen, die in der Erstanschaffung vielleicht 10 oder 20 Prozent billiger sind, aber drei-, fünf- oder zehnmal so viel Energie verbrauchen, später sündteuer als Müll entsorgt werden müssen und hinsichtlich Gesundheit, Geborgenheit und Lebenslust im Vergleich mit Holz einfach nicht mithalten können?
Am Ende sind derartige Billigbauten immer am teuersten. Wie lange lassen Mütter ihre Kinder noch in „Betonbunker" oder „Chemiehütten" sperren?
Wie lange wollen wir unsere Eltern und Großeltern noch in Altersheime abschieben, die nach dem Billigstbieterprinzip – in der ganzen Schwere des Wortes – wirklich billigst gebaut wurden?
Wie lange sind Steuerzahler noch bereit, die Energieverschwendung durch politische Fehlentscheidungen hinzunehmen?
Wann setzen sich endlich die Waldbauern mit dem besten aller Baustoffe, dem nachwachsenden Rohstoff Holz, als Nummer eins durch? Wann beginnen wir wieder gut und klug statt billig zu bauen?
Heute mit massivem, unvergiftetem Holz zu bauen ist morgen das größte Geschenk für unsere Gesundheit und die sorgenfreie Zukunft unserer Kinder.
Es geht hier nicht um romantische Schwärmerei oder um weltfremde Träume. Das beweisen die Fakten:
Die weltweite Waldfläche beträgt knapp unter vier Milliarden Hektar, also 0,62 Hektar für jeden Menschen. Diese Wälder speichern 50 Prozent mehr Kohlenstoff ein, als derzeit in der Atmosphäre enthalten ist. Der jährliche Holzzuwachs in Europa beträgt ca. 2,3 Milliarden Kubikmeter, davon wird nur ca. 40 Prozent geerntet. Auch wenn man die immensen ungenutzten russischen Wälder weglässt, wird im restlichen Europa nur etwas mehr als die Hälfte des Zuwachses geerntet. Die Waldfläche im Norden, etwa in Europa, nimmt ständig zu, während in Südamerika und Afrika der Wald durch Rodungen immer noch zurückgeht.
Im weltweiten Holz- und Biomassezuwachs wird jährlich zwanzig Mal mehr Energie gespeichert als die ganze Menschheit in dem Zeitraum verbraucht!
An technisch nutzbarem Wasserkraftpotential steht ungefähr gleich viel wie der

Im weltbekannten Holzschnitzertal im Südtiroler Gröden hat sich eine Holzschnitzerfamilie ihr Traumhaus mit Holz100 gebaut. Außen wurden alle Wände weiß verputzt und traditionell gestaltet. Innen bleibt das Gefühl, von Holz umhüllt zu sein, unverkleidet erhalten.
Architekt: Siegfried Comploij

Ein hölzernes Bauernhaus in traumhafter Lage in den Südtiroler Bergen.
In den kunstvollen Holzbauten unserer Vorfahren war die Verdübelungstechnik tausende Jahre bewährt.
Im Holz100-Haus ist dieses Prinzip zum hochtechnologischen Bausystem weiterentwickelt – trotzdem bleibt die geniale Einfachheit erhalten. Architekt: Wilhelm Burger

Im Holz100-Haus ist innen jede Oberflächengestaltung erlaubt: Holz100 sichtbar oder Lehmputz, Farbe oder weiß, Glas oder Fliesen – alles ist möglich.

Ein Seminarhotel, ganz aus verdübeltem, chemiefreiem Holz100 gebaut – kein Wunder, dass hier im hohen Norden regelmäßig Spitzenmanager aus ganz Europa eintreffen, um Kräfte zu tanken und neue Visionen zu finden. Architekt: Anders Bjerke

Innenansicht aus dem Holz100-Seminarhotel in Opaka/Norwegen.

Rohstoffquelle Mehrfachnutzen

Je nach Standpunkt, Informationsstand und Interessen haben verschiedene Menschen zu ein und derselben Sache oft grundverschiedene Wahrheiten. Jeder ist felsenfest überzeugt, dass sein Standpunkt der richtige ist. Die endlose Debatte über Klimaerwärmung und Umweltschäden, die durch unsere menschliche Lebensweise auf diesem Planeten ausgelöst werden, ist dafür ein schönes Beispiel. In den achtziger Jahren des vorigen Jahrhunderts haben einige Wenige auf die umweltzerstörende Wirkung unserer Lebensweise hingewiesen. Damals wurden diese Stimmen von der Öffentlichkeit als mehr oder weniger schrullige Professoren oder als weltfremde Idealisten in Sandalen wahrgenommen.

Heute, zirka dreißig Jahre später, hat sich diese öffentliche Meinung geradezu in das Gegenteil gewendet. In Deutschland und Österreich sind inzwischen laut Meinungsumfragen knapp achtzig Prozent der Bevölkerung vom laufenden Klimawandel überzeugt, der zumindest wesentlich durch unsere energieverprassende Lebensweise ausgelöst wird.

Menschen, die den Zusammenhang zwischen Umweltbelastung und der menschlichen Wohlstandsgesellschaft abstreiten, werden heute mehrheitlich als weltfremd und zurückgeblieben empfunden.

Dreißig Jahre mag vom Einzelnen als lange Zeit empfunden werden. Für die totale Kehrtwendung der Mehrheit der öffentlichen Meinung sind diese wenigen Jahre doch bemerkenswert.

Die Wissenschaft analysiert langjährige Klima- und Wetteraufzeichnungen und sagt uns, dass Energieeinsparung und Vermeidung von CO_2-Ausstoß durch Erdöl-, Gas- und Kohleverbrennung den nachteiligen Klimawandel verlangsamen. Nachwachsende Rohstoffe werden plötzlich als wichtiger Teil von langfristig guten Zukunftskonzepten erkannt. Das ist die aktuelle Wahrheit zumindest der Mehrheit der Wissenschafter.

Unlängst erklärte mir der Abt und spirituelle Leiter eines Benediktinerklosters, Pater Johannes Pausch, Folgendes: „Erwin, auch oder gerade wenn ein Kaufmann alle Gesetze beachtet, scharf rechnet und danach fleißig und konsequent arbeitet, kann das immer noch ganz schön daneben gehen. Es war in der Wirtschaft noch

nie so wichtig wie heute, den wirtschaftlichen Erfolg, den Profit und die technische Richtigkeit unserer Arbeit zu beachten. Das ist aber eine Einseitigkeit, die zu den Problemen führt, die wir heute haben. Es ist so wichtig, dass wir den Schöpfungsgedanken wieder erfassen und in unsere Arbeit einbinden, nachwachsende Rohstoffe in der Natur ernten, mit Respekt und Liebe verarbeiten und darauf achten, dass es dabei allen Beteiligten gut geht. Dieses Konzept löst alle Probleme, die wir haben. Wir müssen nur endlich beginnen, das achtsam umzusetzen.
Genau deshalb ist Holz100 so ein Glücksfall. Es ist euch gelungen, nur mit dem Holz, das die Schöpfung aus dem Waldboden hervorbringt, die besten Häuser zu bauen. Eure Idee ist so einfach, dass all die zweifelhaften Hilfsmittel unserer Zeit wegbleiben können. Es ist auch so ehrlich, weil hier nichts mit Kunststoff nachgemacht, nichts imitiert wird. Die Wand, das Dach, alles ist aus Holz, das ein Leben lang sauber bleibt und dem Menschen Gutes tut. Das ist ein Modell für den guten Umgang mit den Geschenken der Schöpfung."
Für den Ordensmann ist es nicht genug, allein CO_2-Bilanzen zu erstellen und nach den Gesetzen der Wirtschaft zu versuchen, den Profit mit den neuen Materialien zu machen. Er wünscht sich die Liebe zur Schöpfung als zusätzliches Lösungsprinzip für unsere Zeit.
Viele einfache Menschen sagen: „Wieso soll ich meine Lebensweise ändern? Die Erdölmultis haben die Milliarden und nur die lenken die Technologien, Normen und Gesetze, die angewendet werden!" Auch das ist für denjenigen, der so denkt, seine persönliche Wahrheit, die für ihn so lange gilt, bis er neue Möglichkeiten und Beweggründe erkennt.
Ein großes Hindernis für die Menschheit, den Überblick zu bewahren und besser und schneller auf Herausforderungen wie Klimaveränderung oder einfach auf schlechte Wohn- und Lebensqualität zu reagieren, ist unsere relativ kurze Lebenszeit. Könnten wir zum Beispiel eintausend Jahre alt werden, so würden wir uns über die Macht einzelner Konzerne, die tatsächlich oder angeblich umweltfreundliche Technologien zurückhalten oder ihre umweltschädlichen Praktiken weiterführen, viel weniger aufregen. Über lange Zeit betrachtet, ist die mit Geld gekaufte Macht immer nur ein kurzes Aufflackern, das bald wieder verschwindet, wenn die so mächtig Gewordenen unvernünftig und menschen- oder naturfeindlich mit ihrer Macht umgehen.
Mit dem Überblick über eine längere Epoche ist es viel leichter erkennbar, wie sinnlos es ist, für Geld und Profit ein gutes, würdiges und frohes Leben zu opfern. Über lange Zeit hat etwas nur Bestand, wenn es auch in seinem Kern gut und gesund ist.

Wie, liebe Leserin, lieber Leser, würden Sie über das Treiben der Menschen auf diesem Planeten urteilen, wenn Sie noch tausend Jahre zu leben hätten und sozusagen von oben, vom Kosmos auf die Erde schauen würden?
Immerhin hat heute die Mehrheit der Leute in den Wohlstandsländern endlich erkannt, dass wir neue, zukunftsfähigere Konzepte und Technologien brauchen. Nachwachsende Rohstoffe werden immer moderner und die Ausplünderung der Bodenschätze wird zunehmend kritisch betrachtet.
Ein besonders markantes Beispiel ist in Mitteleuropa die rasend schnelle Umstellung unzähliger Heizungen von Erdöl und Gas auf Holz, insbesondere Holzpellets. Ist doch auch für den 1000-jährigen Marsmenschen gut – oder?
Wenn Holz statt Erdöl verheizt wird, ist daran zweifellos gut, dass die klimaerwärmende CO_2-Emission der Erdölverbrennung durch den CO_2-neutralen Energieträger Holz ersetzt wird. Bei der Holzverbrennung wird ja die zuvor vom Baum eingelagerte Sonnenenergie freigesetzt.
Trotzdem würde Sie das als Mensch mit der Übersicht eines tausendjährigen Lebens noch lange nicht „vom Hocker reißen".
Diesen zweifellos positiven Effekt der neutralen CO_2-Bilanz und Nutzung nachwachsender Energie der Holzverbrennung kann das Holz von ein und demselben Baum im Idealfall nicht nur einmal, sondern zehn- bis zwanzig Mal (!) erreichen.
Ein Jenseitiger, der nicht nur noch kurze 20, 40 oder 60, sondern noch einige tausend Jahre vor sich hat, würde wohl andere beherzte Überlegungen anstellen:

1. Zuerst werden die Bäume zur besten Zeit genutzt (Saftruhe, Mondphase).
2. Dann werden die Stämme sorgfältig verarbeitet und „filetieret", die ganz schönen Bretter für Möbel, Instrumente etc. reserviert, die „normalen" Bretter und Pfosten für Bauholz wie etwa Holz100 verwendet, Späne, Rinde und Hackgut zu Strom, Wärme und Treibstoff verarbeitet.
3. Ein Holz100-Haus bauen: Haltbarkeit 500 bis 1000 Jahre.
4. Nach 70 Jahren erfolgt vielleicht ein Umbau. Übriggebliebene Holz100-Elemente werden nicht weggeworfen, sie kommen zurück in das Werk, Roboter bohren die Dübel aus. Dadurch, dass nichts verklebt oder verunreinigt ist, können alte Teile für die Herstellung neuer Holz100-Elemente verwendet werden.
5. Nach zwei bis drei Bauholzzyklen sind die Bretter schließlich gesprungen oder zu sehr abgenutzt.
6. Nun kann die Ware aus den zerlegten Holz100-Elementen noch für Holzverpackungen oder Paletten verwendet werden.

7. Danach wird das Material zerhackt und die Hackschnitzel kommen in die Papierfabrik.
8. Dieses Papier wird mehrmals als Altpapier wieder zur neuerlichen Papierherstellung verwendet bzw. beigemengt. Nach einer bestimmten Anzahl der Papierwiederverwendung werden die Fasern zu kurz. Jetzt kann noch die Sonnenenergie genutzt werden, die der Baum seinerzeit gespeichert hat.
9. In Biomasseheizwerken wird der Rest CO_2-neutral verbrannt – gleichzeitig wird nicht nur Wärme sondern auch „nachwachsender" Ökostrom und Treibstoff bei dieser Verbrennung erzeugt.
10. Die Asche wird wieder als Dünger zu Humus und zur fördernden Lebensgrundlage für die nächste Baumgeneration.

Die hier dargestellte Mehrfachnutzung ist das theoretische Maximum. In der Praxis wird es natürlich verschiedene „Äste" von Mehrfachnutzung geben. Viele Holz100-Häuser werden die mögliche Lebensdauer vieler Jahrhunderte den Menschen dienen. Nicht alle Resthölzer wandern vor ihrer thermischen Nutzung durch die Papierfabrik oder durch die Palettenproduktion. Wesentlich ist nur, dass wir dafür Sorge tragen, das Material möglichst lange im Dienst einer menschlichen Nutzung zu belassen, bevor es verbrannt und verstromt wird.
Bei doppelter, vierfacher oder zehnfacher Nutzung des Holzes steht uns aus demselben Zuwachs des Waldes Jahr für Jahr doppelt, vier Mal oder zehn Mal so viel Holz zur Verfügung. Dadurch wird der Wald zu einer üppigen, kaum erschöpfbaren Rohstoffquelle.
Die wichtigste Maßnahme, um diese Mehrfachnutzung zu ermöglichen: Wir dürfen das Holz nicht vergiften. Giftige Leime und Holzschutzmittel sind tabu. Die Technologien und das Wissen für eine saubere Holzverarbeitung mit natürlicher Resistenz des Materials haben wir ohnedies zur Verfügung.
Einen Baum umschneiden und einfach verbrennen oder „nur" ein einziges Mal zu Brettern und Pfosten zu verarbeiten, bedeutet den Verzicht auf viele Nutzungsstufen. In jeder Nutzungsstufe wird durch nachwachsendes Holz Energie gespart und vor allem werden energieintensive Ersatzstoffe wie Ziegelsteine, Beton, Kunststoffe, Metalle ersetzt.
Unser imaginärer, kosmischer Mensch, der viel länger lebt als ein „kurzlebiger, normaler" Mensch, würde viel sorgfältiger auf seine eigene Zukunft achten. Über lange Zeit möchte er den Planeten gut und lebenswert erhalten. In seinen Augen wäre es verrückt, das kostbare Holz, das in unseren Wäldern wächst, gedankenlos

Unweit des Landschaftsjuwels Pragser Wildsee liegt dieses Wohnhaus. Ein bemerkenswerter Versuch, die traditionellen Elemente alpiner Holzbaukultur mit moderner Sachlichkeit zu verbinden. Holz100 bietet dazu die massive, hölzerne Grundlage. Architektur: Technisches Büro Gaisler

Am Steinsockel ruht die Massivholzkonstruktion für lange Zeit.

Eine herausfordernde Aufgabe für das moderne Holz100-Bausystem:
Anbau und Erweiterung an ein denkmalgeschütztes, ca. 600 Jahre
altes Bauernhaus im Südtiroler Gsiesertal.
Neu und alt fügen sich nach getaner Arbeit harmonisch zusammen.
Architektur: Markus Oberschmied

Allergie

Das Wort Allergie lernte ich erst spät kennen. In meinen ersten vier Schuljahren hatte ich davon noch nie gehört. Erst im Gymnasium, einige Jahre später, litt ein Mitschüler unter einer Allergie. Dieser Schüler wurde damals von uns anderen als Träger einer neuen, unbekannten Krankheit bestaunt.

Heute hat sich diese Situation dramatisch verändert. Bereits im Kindergarten gibt es kaum eine Gruppe, deren Kinder nicht unter allergischen Reaktionen leiden oder litten. In Deutschland spricht man von 15 bis 20 Millionen Allergikern. Ungefähr 20 Prozent der Bevölkerung in Mitteleuropa leiden unter Allergien. Tendenz weiter steigend. Experten sprechen davon, dass bald jeder vierte Einwohner der hoch zivilisierten Länder von einer Allergie betroffen sein wird. Ein weiteres Faktum, das zu denken gibt: Bisher waren die Erstallergiker zum allergrößten Teil im Kindes- bis spätestens Jugendalter zu finden. Neuerdings beobachten Fachärzte verstärkt 40- bis 50-jährige Erstallergiker.

Zweifellos können Allergien als Zivilisationskrankheit bezeichnet werden, die sich erst in den letzten 20 bis 30 Jahren in Mitteleuropa mit zunehmendem Wohlstand so richtig verbreitet hat.

Wenn ich mich an meine Kindheit zurückerinnere, welche Lebensumstände sich seither beim Heranwachsen unserer Kinder markant verändert haben, so fallen mir verschiedene Situationen ein:

Mein Schlafzimmer verfügte damals über keine Heizung. In den kältesten Winternächten legte mir meine Mutter vor dem Schlafengehen einen vorher im Backrohr erhitzten Stein oder eine Wärmflasche ins Bett. Am Morgen konnte ich dann auf meiner dreifachen Bettdecke eine Schicht von Eiskristallen bewundern. In solchen Nächten schlief ich mit einer handgestrickten Schlafhaube.

Die Ernährung war vor allem von dem geprägt, was Mutter aus dem eigenen Garten erntete. Fleisch gab es nur am Sonntag. Dieses Fleisch stammte überwiegend von selbst gehaltenen Tieren. Heute würde man sagen: „Alles Bio!“ Spritzmittel am Feld oder im Garten, Medikamente für Tiere, das war uns damals vollkommen unbekannt.

Umgekehrt waren die hygienischen Voraussetzungen unseres Heranwachsens,

verglichen mit heutigem Stand der Hygiene, geradezu schlimm. Für uns verboten, aber wir haben trotzdem so oft wie möglich am Feld Kühe oder Ziegen „angezapft“. Ging es doch darum, dass wir Buben uns gegenseitig beweisen wollten, wer sich am meisten Milch direkt in den Mund melken konnte. Sterilisierte Milch kannten wir genauso wenig wie es damals keine Silofütterung für Kühe gab.
Ein von mir geliebter Spielplatz war der Misthaufen neben Nachbars Stall. Dieser Mist enthielt viel Stroh, und an trockenen Tagen konnte ich neben dem Gockelhahn ganz obendrauf sitzen. Welche verantwortungsvolle Mutter würde heute ihr Kind tagelang mit den Hühnern am Misthaufen spielen lassen? Auch meine Frau und ich haben das für unsere eigenen Kinder vermieden. Es soll hier keinesfalls eine „gute alte Zeit“ verherrlicht werden. Aber bei der Betrachtung neuer Zivilisationskrankheiten ist es zunächst interessant, die Veränderung der Lebensumstände zu betrachten.
Der erste Schwarz-Weiß-Fernsehapparat kam bei uns in das Haus, als ich dreizehn Jahre alt war. Vorher gab es keine Zeit vor dem Bildschirm, sondern üblicherweise spielten wir irgendwo im Freien, wo wir in der Gruppe mit den gleichaltrigen Dorfkindern möglichst unbeaufsichtigt unsere Freizeit verbrachten. Selbstverständlich gab es damals noch keinen Mobilfunk oder gar Telefone für Kinder. Viele Familien im Dorf bekamen in dieser Zeit ihren ersten Festnetz-Telefonanschluss.
Betrachtenswert ist dieser Rückblick und Vergleich der Lebensumstände wohl, aber nicht ausreichend, um allein daraus gültige und wirksame Aussagen zu finden, um Allergien zu erklären oder gar betroffenen Allergikern verlässlich zu helfen. Und darum geht es ja. Wer eine Allergikerin, einen Allergiker kennt oder gar selbst betroffen ist, weiß, welches Leid und welcher Verlust an Lebensqualität und Lebensfreude diese Krankheit mit sich bringen kann. Von relativ harmlosen Juck- und Schnupfenerscheinungen über nahezu totale Schlaflosigkeit bis zu Zermürbung und Erstickungsanfällen von Kleinkindern sind alle graduellen Unterschiede bekannt.
Obwohl ich selbst, wie erwähnt, in meiner Kindheit gar nicht wusste, was Allergien sind, hat diese Krankheit meinen Lebensweg entscheidend mitgeprägt. Als junger Förster lebte ich mit meiner Frau und den in dieser Zeit hinzukommenden Kindern in einer ungewöhnlichen Idylle. Wir waren im Tiroler Karwendelgebirge in einem damals sehr einsamen Tal stationiert. Im hölzernen Försterhaus waren wir im Winter oft wochenlang durch Schneemassen und Lawinengefahr von der Außenwelt abgeschnitten. Aber auch im Sommer mussten wir, um in das zustän-

dige Gemeindeamt in Vomp zu gelangen, 80 Kilometer rund um den Gebirgsstock fahren. Zum Bahnhof Jenbach waren es 60 Kilometer weit und zum Einkaufen in das nächste Geschäft waren immerhin noch zirka 40 Kilometer zurückzulegen.
Für mitteleuropäischen Standard war das eine ungewöhnliche Einsamkeit. Die Milchversorgung der Familie sicherte ich durch eine kleine Ziegenherde ab.
Nachdem unsere Kinder herangewachsen waren, war uns klar, dass wir das geliebte Tal wieder verlassen mussten, wenn die Schule beginnt. Wir wollten die Knirpse nicht bereits mit sechs Jahren weg von Zuhause in ein Internat stecken. Rechtzeitig zum Schulbeginn unseres ältesten Sohnes zogen wir also aus dem Karwendelgebirge weg und zurück in die Zivilisation nach St. Johann im Pongau. Dort bezogen wir ein in den 60er Jahren gebautes Haus. Bereits einige Wochen nach der Übersiedelung wurden die beiden Buben krank. Leichte Hautausschläge, Juckreiz, Husten und später Atemnot. Wir waren zuerst ratlos und begannen eine Suche von einem Arzt zum nächsten, bis ich schließlich mit einem meiner Buben in Salzburg im Landeskrankenhaus beim Allergietest landete. Auf winzige Nadelstiche am Unterarm des Kindes wurden die Testflüssigkeiten aufgebracht und nach einiger Zeit kam der Arzt. Er hielt den Arm des Sechsjährigen in der Hand und sagte zu mir: „Oje, der ist ja gegen alles allergisch!“ Nun begann er lateinische Namen verschiedener Gräser, Sträucher und Bäume aufzuzählen. „Ohne Kortisonspray wirst du nicht genug Luft kriegen. Deinen Spray musst du jetzt immer bei dir tragen!“, wurde der Bub belehrt.
Mir blieb bei dieser ärztlichen Diagnose und der psychologischen Feinfühligkeit der Belehrung wirklich die Luft weg. Ich sagte gar nichts mehr, schnappte den Buben und ging mit ihm hinaus auf den Korridor des Krankenhauses: „Florian, jetzt hast du den größten Idioten des Krankenhauses kennen gelernt! Deine ganze Kindheit bist du im Karwendel kerngesund genau zwischen den Gräsern und Bäumen gesessen, die jetzt an der Allergie schuld sein sollen. Vergiss den Blödsinn!“ Als Förster hatte ich die lateinischen Namen der erwähnten Gewächse gelernt und in der Tat war es so, dass mich mein Ältester mangels Kindergarten in der Förstereinsamkeit Wochen und Monate durch die Wälder begleitete. Dabei hatte ich die Angewohnheit, für den Buben einen geeigneten Platz zu suchen. Meist war das ein bereits modriger Holzstock, den er dann zerlegen konnte. Der Hund bewachte das Kind und blieb so oft stundenlang neben dem Kind sitzen. Ich konnte inzwischen im umliegenden Wald meine Arbeit verrichten. Genau dort zwischen all den Gräsern, Sträuchern und Bäumen war der Bub immer pumperlgesund. Nur jetzt, nach dem Umzug, sollte diese Flora zur Allergie führen?

„Die Gräser und Sträucher sind sicher nicht die Ursache. Sie können bestenfalls zum Auslöser geworden sein. Es muss irgendeine Veränderung in der neuen Wohnumgebung der Buben sein!“, erklärte ich meine Vermutung meiner Frau. Wir waren beide medizinische Laien, wollten aber keinesfalls die Allergie der Kinder so einfach hinnehmen und unsere Buben den Rest ihres Lebens mit Kortisonspray behandeln. Die dargebotene schulmedizinische Hilfe in Form des Sprays als Symptombehandlung schien uns nicht geeignet. Es musste gelingen. die wahren Ursachen zu finden und zu beseitigen. Mangels medizinischen Fachwissens versuchten wir mit Hilfe unserer Intuition weiterzukommen. Wir ernährten die Kinder genau gleich wie früher im Forsthaus. Auch bei der Bekleidung und sonstigen Lebensumständen gab es keine nennenswerten Veränderungen. So blieb als corpus delicti nur noch das Haus, wir waren ja in ein neues Haus gezogen. Das Dramatische an der Situation war jedoch die Zeit. Der Zustand der Kinder wurde erkennbar schlechter. Es formierte sich immer häufiger starker Husten, der bis zur beklemmenden Atemnot und zu Erstickungsanfällen führte. Wir hatten keine Zeit, um seelenruhig Studien und Versuche anzustellen.

So schnell wie nur möglich studierte ich alles, was ich zum Thema Baubiologie in die Hand bekommen konnte. Indessen verschlimmerten sich die Beschwerden weiter. Besonders beim Schlafengehen. Wir begannen im Kinderzimmer zu wachen. Es war eine leidvolle Zeit. Wir hatten Angst vor der Erstickungsgefahr. An einem Abend, an dem es besonders schlimm war, saß ich am Bett meines Sohnes. Nach einem starken Hustenanfall schaute er mich mit großen Augen an und fragte: „Papa, warum bekomme ich nicht genug Luft zum Atmen?“

Luft zum Atmen. Nie habe ich darüber nachgedacht. Es war immer das Allerselbstverständlichste – und jetzt schauten mich die unschuldigen Augen meines Kindes an. Fragend, bittend, voller Hoffnung und Vertrauen in den Vater. Warum kriegt ein Kind keine Luft zum Atmen? Mein Gott, was soll ich da antworten?

Diese Frage und die Kinderaugen meines Sohnes erschütterten mich durch und durch. Da gab ich, ohne länger nachzudenken, ein schwerwiegendes Versprechen: „Florian, ich werde dafür sorgen, dass du wieder genug Luft bekommst. Soviel, dass du darüber nie mehr nachdenken wirst. Du wirst wieder laufen und springen wie ein Reh. Genau so, wie wir es im Karwendel getan haben. Ich werde alles dafür tun. Das verspreche ich dir. Glaube mir, in dieser Welt gibt es für alle Menschen und besonders für die Kinder genug Luft zum Atmen!“ Er schaute mich groß an. Ich sah in seinen Augen, dass er jedes Wort glaubte. Bald schlief er ein.

Ich verließ das Zimmer. „Was habe ich da versprochen? Wie soll ich das halten? Ich

habe dem Buben mehrmals davon erzählt, dass Glaube Berge versetzen kann. Er hat damals zu den felsigen Karwendel-Riesen hinaufgeschaut und bereits mit seinen fünf Jahren versucht, diesen Satz zu begreifen!“ Ich wusste überhaupt nicht, wie ich eine Lösung finden konnte. Mein Versprechen hat da etwas in den Raum gestellt. Wie soll ich kleiner, unbedeutender Förster das angehen? Der Glaube, dass es einen Weg gibt, war das Einzige, was mir damals blieb. Ich spürte, dieser Glaube ist die einzige Möglichkeit, der einzige Weg, die einzige Energie, die mir in meiner aussichtslosen Position weiterhelfen konnte. Die Logik und mein Verstand gaben mir keine Antwort. Im Gegenteil, sie verunsicherten mich sehr. Wie sollte ich auch schlauer sein als ein Arzt, der ein halbes Leben lang studiert? Wenn es eine medizinische Lösung gäbe, hätten die Ärzte dieser Welt sie doch schon lange gefunden. War es ein Fehler, dem Buben so etwas zu versprechen? Immer wieder lauschte ich in das Kinderzimmer und hörte jetzt ruhiges Schlafen.
Mein Schlaf war umso schlechter. So oft habe ich schlau von der Kraft des Glaubens gesprochen. Wie geht es mir jetzt selbst dabei? Ich wusste nicht, wie es kommen wird, aber ich spürte, dass nun meine gesamte Lebensenergie benötigt wird. Links und rechts gab es kein Ziel mehr, das mir erstrebenswert erschien. Alles wurde so klein und unwichtig. Die Kinder müssen unbeschwert atmen können, hämmerte es in meinem Kopf. In den nächsten Wochen konzentrierte ich mich auf die wesentlichste Veränderung, die die Familie erfuhr – unser neues Haus. Ich las weiterhin alles zum Thema Baubiologie und studierte das Material beinahe Tag und Nacht akribisch.
Dieses Studium und Messungen im Haus brachten mich auf die richtige Fährte: Verleimtes Holz und Spanplatten hat es in unserem Leben im Forsthaus bisher nicht gegeben. Als ich zum ersten Mal gelesen habe, welche Schadstoffe aus verleimten Holzplatten ausgasen können, wurde mir heiß und kalt. Die neuen Kinderzimmer waren damit vollständig ausgebaut. Holzleime gasen aus verleimten Platten Jahre und Jahrzehnte aus. Synthetische Inhaltsstoffe dieser Leime belasten dann die Raumluft. Manche Menschen reagieren darauf gar nicht. Für andere Menschen, die allergisch reagieren, kann das aber die Hölle bedeuten. Gemeinsam und angeleitet durch den 90-jährigen „Urliopa“ entfernten wir mühselig alle Spanplatten aus dem Haus. Unbehandelte Nut- und Federbretter verschiedener Holzarten legten wir als neue Fußböden in das Haus. Betten und Kästen wurden aus einfachen Fichtenbrettern gezimmert.
Vollholzböden statt verleimte Platten, einfache Massivholzmöbel ersetzten Spanplatten. Der große Traum ging in Erfüllung. Wir erlebten, wie im reinen Holz

unsere Kinder wieder gesund wurden. Die einfache Methode des Großvaters, der sein Lebtag lang auf ganz einfache Art Häuser aus massiven, unverleimten Hölzern gezimmert hatte, schenkte unserer Familie wieder das hohe Gut der Gesundheit. Was lag da näher, als dafür zu sorgen, dass das Holz unserer Bäume wieder so rein und unverfälscht – ohne Leime und Gifte – verarbeitet wird, damit möglichst viele alle Menschen diesen Segen der Natur genießen können? Ich hatte das größte Geschenk bekommen, das einem Vater zuteil werden konnte. Meine Kinder sind wieder gesund geworden. Was lag da näher, als diesen Weg weiterzugehen? Die Firma Thoma war geboren. Ein Unternehmen mit dem Ziel, die besten und gesündesten Häuser aus Holz zu bauen.

Gut ein Jahr nach der Nacht, in der ich mich bange gefragt habe, ob mein Glauben wohl ausreicht für das gegebene Versprechen, ist aus diesem Glauben meine Berufung gekeimt.

Ich habe damals noch nicht geahnt, welch große technische Entwicklungen noch nötig waren, um vom gezimmerten Traditions-Blockhaus zum winddichten, setzungsfreien Massivholzhaus zu kommen, zum Holzhaus, das aus reinem Holz besteht und gleichzeitig alle Anforderungen an Schallschutz, Brandsicherheit, Wärmedämmung erfüllt bis zum Haus ohne zusätzliche Heizung.

Heute, bald zwanzig Jahre später, ist das alles umgesetzt. Das gesunde Holz100-Haus aus 100 Prozent Holz ist Wirklichkeit geworden. Unzählige Berichte und Dankesschreiben von Menschen, die ähnliche Erfahrungen gemacht haben, füllen dicke Ordner in meinem Büro. In den Holz100-Produktionsstätten werden jährlich hunderte gesunder Holzhäuser gefertigt. Vom kleinsten Einfamilienhaus junger Familien bis zum Großhotel. Wenn ich zurückdenke an jenen Abend am Krankenbett meines Kindes, kann ich selbst nur staunen, was aus meinem Versprechen geworden ist.

Nämlich Holzhäuser, bei denen das Holz rein und ohne Chemie verarbeitet wird, bei denen die Häuser sich als schützende, massive Hülle über die Menschen breiten. Diese Idee konnte ich gemeinsam mit Technikern, Forschern und Wissenschaftlern zum „High Tech"-Haus aus der Natur entwickeln. Ich begleite laufend Neugründungen, um Holz100-Häuser überall aus dem örtlich wachsenden Holz direkt für die Regionen anzufertigen. Nicht umsonst wird diese Entwicklung und wohl einzigartige Verbreitung der neuen Massivholzbauweise von tausenden Menschen begeistert getragen. Hunderte Förster, Architekten, Ingenieure und Handwerker haben durch Holz100 ihren Arbeitsplatz gefunden. Viele dieser Menschen haben mir persönlich erzählt, welches Glück es für sie bedeutet, mit

der Arbeit nicht nur ihr Geld zu verdienen, sondern täglich zu sehen, wie gut es den Menschen tut, die in diese Häuser einziehen.
Vor dem Hintergrund dieser Entwicklung stellt sich eine Frage: Ist das gesunde Holzhaus ein Allheilmittel gegen Allergien? Moderne Allergieforschung versucht den hochkomplexen Hintergrund allergischer Reaktionen und Erkrankungen zu erklären.
Durch die Lebensumstände in unserer zivilisierten Wohlstandsgesellschaft sind wir einer beispiellosen Reizüberflutung auf allen Ebenen ausgesetzt. Das reicht von Chemikalien in der Ernährung und der Bekleidung über hunderte Wohngifte in der Bausubstanz und Einrichtung unserer Häuser bis hin zu Belastungen durch stundenlange Bildschirmarbeit, Mobilfunk, Lärm und vieles mehr.
Das Tückische daran ist, dass es sehr schwer und zum Teil unmöglich ist, einzelnen Substanzen ihre Giftigkeit oder Schädlichkeit nachzuweisen. Asbest oder Formaldehyd aus Holzleimen gehören zu den Ausnahmen. (Die aber auch erst „entlarvt“ wurden, nachdem jahrzehntelang unzähligen Menschen größte Schäden und Leid zugefügt wurden!)
Obwohl vielen der „Alltagschemikalien“, die uns belasten, noch keine schädliche Einzelwirkung auf den Organismus nachgewiesen wurde, finden Mediziner in Haaren, Haut und Fettgewebe der modern lebenden Menschen hunderte (!) Fremdsubstanzen eingelagert. Diese Spuren von Insektiziden, Pestiziden, Herbiziden, Schwermetallen und so weiter sind aber nicht untätig und unschädlich in unserem Körper eingelagert. Vielmehr geben diese Stoffe ständig Informationen an den Organismus und an das Immunsystem ab. Im Vergleich zur Entwicklung der Menschheit sind diese Fremdsubstanzen, die größtenteils erst im Laufe des letzten Jahrhunderts in den „chemischen Großküchen“ der modernen Industrie gebraut wurden, ganz, ganz jung. Unser Körper kennt die neuen Substanzen nicht. Die Informationen der eingelagerten Substanzen sind für unseren Körper größtenteils Falschinformationen und Irritationen. Hier beginnt eine fürchterliche Kombinationswirkung einzelner Stoffe, Gifte und Reize. Mehrere hundert Fremdsubstanzen, Chemikalien aus Wohnung, Einrichtung, Bekleidung, Ernährung, Verkehr usw. sind in unserem Körper eingelagert und spielen gemeinsam ein unaufhörliches Konzert von dissonanten Fehlinformationen, die ständig auf Immunsystem, Nervensystem und Organe nachteilig, zumindest irritierend einwirken.
Die gewohnte „innere Ruhe“ und Entspannung eines giftfreien Organismus findet in uns Wohlstandsmenschen nicht mehr, oder nur eingeschränkt, statt. Ständiger

innerer Signalstress bleibt nicht ohne Folgen und wirkt sich vor allem langfristig aus. Einzelnen Stoffen aus diesem „Orchester" ist in Einzeltests oft nur schwer ihre Schädlichkeit nachzuweisen. Die Kombinationswirkung des gesamten „Giftorchesters" beeinträchtigt auf Dauer jedoch nicht nur unsere Vitalität. Organfunktionen werden gestört, das Immunsystem kann mit Über- oder Unterreaktionen antworten. Allergien sind eine der möglichen Folgen dieser Abläufe. Die Fülle der neuen Reize und Fremdinformationen, die auf unseren Körper von außen und durch die erwähnten eingelagerten Fremdsubstanzen Tag und Nacht ein Leben lang einwirken, wird von Medizinern „informatives Hintergrundrauschen" genannt.

Eine Bezeichnung, die sehr passend beschreibt, was geschieht, und die Folgen erahnen lässt. Hintergrundrauschen bezeichnet auch permanente Lärmbelästigung. Wir wissen, dauernder Lärm macht krank, schädigt das Nervensystem, führt zu Schlaflosigkeit und so weiter. Wer sich davor schützen will, muss den Lärm abstellen, sich einen ruhigen Ort suchen oder schaffen. Informatives Hintergrundrauschen kann durch die Überreizung des Organismus zu Organfehlfunktionen und Allergien führen.

Wer sich davor schützen will, muss sich, ähnlich wie bei Lärmbelastung, einen ruhigeren Ort mit weniger Reizüberflutung, eine Lebensweise mit weniger Gift- und Chemieeinlagerung in den Körper, suchen.

Genau hier beginnt das Geschenk des Waldes für die Menschen. Chemie- und leimfrei gebaute Massivholzhäuser sind baubiologisch gesprochen das Beste, was man machen kann. Hier gasen keine synthetischen Giftstoffe aus. Reines Holz begleitet den Menschen wohltuend, schützend und wärmend seit den ersten Schritten seiner Evolution. Das ist einer der großen Vorteile des Baustoffes aus den nachwachsenden Wäldern. Ruhe und Geborgenheit sind in unserer modernen Zeit wichtiger als je zuvor.

Regeneration im Haus, nach der Arbeit und im Schlaf sind heute gerade für alle Menschen der hochentwickelten Länder entscheidend für Wohlbefinden und Lebensqualität. Wer sich ein Haus baut, das seine Bewohner mit vollem Holz umhüllt, der leistet einen wertvollen Beitrag für seine Gesundheit, für die eigene Altersvorsorge und für die notwendige tägliche Erholung und Entspannung.

In Zeiten des informativen Hintergrundrauschens sind Lösungen gefragt, die einfach und natürlich – natürlich einfach – funktionieren. Einfach und natürlich deshalb, damit nicht wieder unbekannte, unerwünschte Nebenwirkungen und Belastungen auftauchen. Jeder Entwicklungsingenieur weiß, es ist keine Kunst, etwas kompliziert zu lösen. Die wirklich guten und genialen Erfindungen, die vielen Menschen Gutes tun, sind in ihrem Kern stets einfach.

Das Holz100-Haus, das nur aus vollem Holz besteht, ist geradezu ein Sinnbild für die einfache Nutzung fundamentaler Grundsätze. Kraftvolle Holzdübel ersetzen hier die übliche „Chemie" wie Leime und Folien. Nichts außer Holz umhüllt die Menschen und verbessert alles Messbare, was bisher mit Holz gebaut wurde. Folien, Leim, Nägel, Holzschutzmittel und selbst Dämmstoffe werden überflüssig – die Bewohner werden mit reinem Holz eingehüllt – und das Hintergrundrauschen schweigt.

Die Summe aller wirkungsvollen, heute angewandten Maßnahmen gegen Allergien reicht von der primären schulmedizinischen Symptombehandlung, um von akuten Schmerzen und Leid befreit zu werden und „entspannt" weitermachen zu können, über die Änderung der Lebensgewohnheiten, der Ernährung, der Bewegung und der Lebensumstände, bis hin zu einer Reihe hilfreicher Komplementär- und alternativmedizinischer Therapien.

In diesem Paket von Maßnahmen kann das gesunde Holzhaus seinen wertvollen Teil leisten. Allheilmittel, ohne das Ganze zu überdenken und zu berücksichtigen, sind in der Natur nicht zu erwarten.[1]

Glaube und Ausdauer gehören jedenfalls zu den besten Begleitern auf dem Weg zur Heilung von der Allergie. Am Ende kann eine Allergie nicht nur als bedrohende Krankheit gesehen werden, sondern durchaus als Anstoß und Chance, das eigene Leben zum Guten zu verändern. Lebensumstände und das Lebensumfeld können durch diese Erfahrung neu, besser und gesünder gestaltet werden. Wer diesen Weg und die Krankheit als Chance annimmt, kann zum Schluss mit mehr Lebensqualität und Vitalität belohnt werden.

Beim Schreiben dieser Zeilen freue ich mich bereits auf das nächste Wochenende. Mein Sohn, dem ich damals genügend Luft zum Atmen versprochen habe, hat sich am Wochenende Zeit für mich genommen. Wir haben uns eine Klettertour vorgenommen. Die schwierigen Seillängen im siebenten Grad wird er vorausgehen. Inzwischen ist er stärker und wendiger als ich geworden …

1 Baubiologisch optimale Lebensumstände gehören zu wirkungsvollen und die Heilung begünstigenden Begleitmaßnahmen bei allergischen Beschwerden. Sie dürfen aber keinesfalls als einzige Maßnahme oder als Ersatz für eine ärztliche Betreuung gesehen werden. Persönliche Erfahrungsberichte sind authentisch dargestellt, dürfen aber trotzdem nicht als allgemeingültiges Muster oder gar als Therapieanleitung gesehen werden. Verschiedene Menschen reagieren verschieden und es ist daher in jedem Fall die Situation mit dem Arzt abzuklären.

Die größte Weisheit verrät sich in der
einfachen und natürlichen Einrichtung der Dinge,
und man erkennt sie nicht,
eben weil alles so einfach und natürlich ist.

JOHANN PETER HEBEL

Traditionelles alpenländisches Gasthaus (Architektur: Werner Oberhuber) und ein Kaffehaus (Architekt: Valentini Osvald) in moderner Holzarchitektur. Beide Bauten sind aus demselben System Holz100 entstanden. Holz ermöglicht jegliche Architektur. Es kommt nur darauf an, was wir Menschen uns vorstellen und erträumen können.

Zwischen Meran und Bozen steht dieses ungewöhnliche Försterhaus in moderner Vollholzarchitektur. Nachdem das Haus im Überschwemmungsgebiet der Etsch steht, wurde es einfach auf Säulen gestellt. Im Hochwasserfall bleibt dieser neuzeitliche Pfahlbau so vom Wasser verschont. Architektur: Palla C. & CSNC

Holz100 steht für 100 Prozent Holz. Hier der Blick aus der Holzhülle hinaus in das traumhafte Südtiroler Etschtal.

Ein Südtiroler Forstmeister wollte Klischees aufbrechen und baute sein durch und durch hölzernes Wohnhaus in konsequent modernem, reduziertem Stil. Kompromisslos moderne Architektur mit 100 Prozent Holz als Bausystem im Pustertal.

Trotz puristisch reduzierten Formen fehlt es nicht an originellen Details.
Die Bank in der Holz100-Wand gegenüber dem Grundofen ist der Lieblingsplatz der beiden Kinder.
Architekt: Christian Schwienbacher
Baustoff: Holz100

Formaldehyd – stolz auf Holz?

In den 70er Jahren hat in der Holzindustrie ein Boom mit verleimten Holzwerkstoffen eingesetzt. Spanplatten, MDF-Platten, Leimholz, OSB-Platten sind prominente Produkte dieser anhaltenden Entwicklung. Neben dem wirtschaftlichen Erfolg für die Hersteller und den technischen Möglichkeiten haben diese Produkte allerdings auch markante Nachteile mit sich gebracht.
Die eingesetzten Chemikalien, insbesondere Kunstharzleime, sind in ihrer Produktion ausgesprochen energieintensiv. Die phantastische Ökobilanz von unbehandeltem Holz wird bei diesen Produkten zu einem großen Teil verspielt oder gar in das Gegenteil verwandelt. Auch die Entsorgungsfrage wirft so manches ungelöste Problem auf.
Persönlich noch viel dramatischer wird die Angelegenheit für jene Menschen, die auf die Ausgasungen verleimter Holzwerkstoffe mit Allergien und Krankheiten reagieren. Nicht nur Allergiker erinnern sich an die großen Formaldehyd-Debatten, die bis in die 90er Jahre intensiv geführt wurden.
Als Alternative wurden bald formaldehydfrei verleimte Produkte angeboten. Bei näherer Betrachtung erweisen sich solche, meist auf Isocyanatbasis verarbeitete Produkte als ökologisch genauso problematisch, Abriebe als krebserregend und so weiter. Hier wurde eben ein Gift gegen ein anderes mit neuem, noch nicht so verrufenem Namen ausgetauscht. Baubiologisch informierte Bauherrinnen und Bauherren haben diesen Etikettentausch rasch durchschaut und in den letzten Jahren daher zunehmend verleimte Holzwerkstoffe weggelassen und wieder reine Massivholzprodukte eingesetzt.
Genau in dieser Zeit tauchte ein Gerücht auf, welches Menschen auf der Suche nach gesunden Alternativen immer wieder verunsichert: „Auch im ganz normalen, unbehandelten und in frischen Holz ist jede Menge Formaldehyd vorhanden, das reichlich ausgast. Das Getue um Formaldehyd in verleimten Holzprodukten ist hysterisch. Formaldehyd ist eben etwas, mit dem man leben muss!“
Diese Aussage ist irreführend und schlichtweg falsch!
An der Universität Göttingen, Institut für Holzbiologie und Holztechnologie, wurden umfangreiche Arbeiten zum Thema Emissionen (Ausgasungen) aus Holz und

Holzwerkstoffen durchgeführt und unter anderem im Mai 2006 veröffentlicht: Holz enthält neben den drei Hauptbestandteilen Cellulose, Hemicellulosen und Lignin eine ganze Reihe von Extrakt- oder Nebenstoffen. Diese Extraktstoffe schwanken je nach Jahreszeit (noch zu wenig untersucht: die Mondphasen), Stammteil und Holzart geringfügig. Zum Beispiel enthalten Kiefern ca. zwei bis drei Prozent, Fichten nur ca. ein Prozent, Buchenholz noch weniger Extraktstoffe. Es ist nicht bekannt, dass diese aus verbautem Holz heraus für Menschen gefährlich werden können. Im Gegenteil, solange Holz entsprechend den uralten Bautraditionen nur mechanisch bearbeitet und schonend getrocknet wird, ist es einer der baubiologisch wertvollsten, gesündesten Baustoffe, die uns die Natur schenkt. Wenn der Mensch allerdings beginnt, den Naturstoff Holz in den „Chemie- und Leimküchen" zu sogenannten modernen Holzwerkstoffen synthetisch zu verleimen, wird der Vorteil des Naturmaterials weitgehend zerstört. Bei der Produktion von verleimten Stoffen aus Holzspänen werden hohe Temperaturen verwendet. Das sind beispielsweise bei der MDF-Produktion ca. 170 Grad Celsius. Unter diesen Bedingungen passieren im Holz chemische Veränderungen, die in „normal" verarbeitetem Massivholz nicht stattfinden. An der Universität Göttingen fand man heraus, dass aus ungesättigten Fettsäuren, die Teile der Extraktstoffe sind, unter dem Einfluss hoher Temperaturen Formaldehyd entsteht. Weiters wurde nachgewiesen, dass auch bei den Hauptbestandteilen Hemicellulose und Lignin hohe Temperaturen zur Bildung von Formaldehyd führen.

Zusammenfassend kann gesagt werden, dass im Zuge der Holzwerkstoffproduktion wie etwa für verleimte Platten die eingesetzten Holzspäne hohen Temperatur- und Druckverhältnissen ausgesetzt werden, die zu chemischen Veränderungen im Holz selbst und zu erhöhten Ausgasungen von – auf diese Weise entstandenem – Formaldehyd führen.

Verleimte Holzwerkstoffe gasen also, auch bei Verwendung formaldehydfreier Leime, mit großer Wahrscheinlichkeit auch Formaldehyd aus den Holzspänen aus, das im Zuge des Produktionsprozesses durch chemische Veränderung in den Holzspänen entstanden ist. Nebenbei darf nicht vergessen werden: Formaldehydfreie Leime enthalten Ersatzchemikalien, die oft noch giftiger und bedenklicher als die ehemaligen Formaldehydausgasungen sind. So können zum Beispiel PU-Leime (Polyurethanleime auf Isocyanatbasis) keinesfalls als baubiologisch, ökologisch saubere und kompromisslose Lösung betrachtet werden. Bei traditionell verarbeitetem Massivholz hingegen finden diese chemischen Prozesse praktisch nicht statt. Hier ist eine vergleichbare Formaldehydausgasung direkt aus dem

In Japan hat sich Herr Koyano, ein Maler, sein Wohnhaus und Atelier mit Holz100 errichtet. Versunken in der Ruhe seiner Vollholzhülle findet der Meister Inspiration und den idealen Ort für seine anspruchsvolle, kreative Arbeit.

Massivholztür des österreichischen Tischlermeisters Franz Enthammer in Japan (Wohnhaus Mikurube).

Ein weiterer Künstler in Japan hat ursprüngliches Holz100 als besten Wohn- und Arbeitsplatz entdeckt. Dieser Bauherr ist Musiker und befasst sich mit kostbaren Klavierrestaurationen.
Architektur: Peter Matthä

Der Klavierstimmer Mikurube hat innen alle Holz100-Oberflächen sichtbar belassen und sein Vollholzhaus mit japanischer Sparsamkeit – und Wirkung eingerichtet. Wenn es um Qualität geht, sind japanische Handwerker und Künstler weltweit als geradezu fanatisch bekannt. Gerade Menschen mit so hohem Anspruch entscheiden sich auch beim Bauen für kompromisslose Qualität. Architektur: Peter Matthä

Die erste Holz100-Bauherrin Japans.
Naomi Namiki hat mit ihrem Mann Hiro das erste Holz100-Haus in Tokio gebaut. Inzwischen sind ihrem Beispiel viele erdbebensichere Holz100-Bauten im Land der aufgehenden Sonne gefolgt.